LA SYMPHONIE DES ÉTOILES

«Sciences d'aujourd'hui »

Sylvie Vauclair

LA SYMPHONIE DES ÉTOILES

L'humanité face au cosmos

Préface d'Hubert Reeves

Albin Michel

Collection « Sciences d'aujourd'hui »
dirigée par Michel Cazenave

22, rue Huyghens, 75014 Paris

ISBN 2-226-09525-X
ISSN 0755-1819

A tous ceux
sans qui le monde
ne serait
que ce qu'il est.

Préface

Il arrive que des résultats scientifiques, obtenus grâce à des méthodologies expérimentales et observationnelles, nous invitent à des réflexions qui dépassent largement le cadre de la science proprement dite. Elles peuvent en certains cas aller jusqu'à modifier notre vision générale du monde.

L'exemple le plus mémorable se situe il y a bientôt quatre cents ans : grâce aux observations de Brahe, Kepler et Galilée, l'humanité découvre alors avec stupeur que la Terre n'est pas le centre du monde, mais un petit astre perdu dans un cosmos si immense qu'on n'arrive pas à savoir s'il est fini ou infini. Les réflexions géniales de Giordano Bruno sur ce thème et son destin tragique retiennent l'attention. Ce « choc astronomique », comme disait Sigmund Freud, devait avoir un impact décisif sur la pensée humaine.

Une situation analogue se présente à nous aujourd'hui par rapport à l'ensemble des découvertes scientifiques accumulées depuis le début du XXe siècle. Notre exploration parallèle des lois intimes de la matière et des grandes structures du cosmos nous permet de relier l'« infiniment petit » et l'« infiniment grand » et, par là, de reconstituer l'histoire de l'Univers et le déroulement de notre émergence.

Le livre de Sylvie Vauclair nous invite à une promenade sur ces divers sentiers de la connaissance, gardant toujours en mémoire notre relation aux objets qu'on y rencontre. Nous faisons connaissance avec les grands éléments qui structurent notre cosmos : le temps et l'espace ; la lumière et les astres qui l'émettent ; le hasard et les lois. La musique nous accompagne tout au long de cette promenade harmonieuse.

Une image importante se profile au cours de cette narration, la « spirale ouverte » qui nous amène sans cesse hors des domaines où nous avons tendance à nous enfermer. La démarche de Sylvie Vauclair se présente comme une invitation à une pensée ouverte, loin des carcans qui trop souvent étriquent la réflexion des scientifiques. Elle donne accès aux fascinantes réalités qui s'imposent même à ceux qui refusent de s'étonner.

Hubert Reeves

Prologue

« … Mais c'est de l'homme qu'il s'agit !
Et de l'homme lui-même
quand donc sera-t-il question ?
Quelqu'un au monde élèvera-t-il la voix ?
Car c'est de l'homme qu'il s'agit,
dans sa présence humaine…
… Car c'est de l'homme qu'il s'agit,
et de son renouement… »

Saint-John Perse

Il y a longtemps, les hommes croyaient la Terre au centre du monde. Le Ciel l'entourait comme un cocon. Là-haut régnait la perfection absolue. C'était le domaine du divin, inaccessible sauf par la mort. Le Ciel représentait le lieu du Paradis, le séjour des âmes bienheureuses.

Dans de nombreuses civilisations, les « Grands de ce Monde », chefs suprêmes de leurs sujets, recevaient leur sagesse du Ciel. Les monarques étaient rois « de droit divin ». Une fois par an, au solstice d'hiver, l'empereur de Chine, le « Fils du Ciel », allait se prosterner au temple de la Pureté éternelle pour y recevoir l'Inspiration céleste qu'il avait ensuite pour mission de distiller vers ses sujets. L'humanité se trouvait ainsi dans les balbutiements de la petite enfance, attendant les ordres célestes transmis par ces personnages mi-hommes mi-dieux qui la gouvernaient.

Tous se soumettaient à leur pouvoir, en échange de leur protection et de la sécurisation de leur vie.

Et puis tout a basculé. La Terre a cessé d'être le centre du monde. Elle est devenue une planète comme les autres, gravitant autour d'une petite étoile, le Soleil, lui-même perdu parmi les centaines de milliards d'étoiles de la Voie lactée, notre galaxie. Des milliards de galaxies comme la nôtre évoluent dans l'Univers, peut-être même une infinité. L'homme a découvert qu'il n'occupe aucune position particulière dans cet espace vertigineux. La voûte céleste protectrice s'est déchirée pour laisser la place à l'immensité infinie. L'humanité est sortie de son cocon. Cette remise en cause des valeurs archaïques a provoqué une première réaction d'angoisse, mais elle a conduit aussi à la recherche d'une nouvelle identité cosmique de l'homme.

La plupart des mythes anciens introduisaient la séparation de la Terre et du Ciel comme un épisode dramatique et souvent douloureux de l'histoire du monde. Mais, en déchirant les voiles ancestraux, les découvertes scientifiques récentes les ont réunifiés. La Terre et le Ciel ne sont plus séparés. Ils procèdent de la même essence originelle. Ils font partie de la même histoire. L'existence de l'homme sur une petite planète habitable au sein de la galaxie s'inscrit dans le cadre d'une gigantesque évolution cosmique. Bien avant la naissance de la Terre et de l'ensemble du système solaire, l'Univers fabriquait déjà les éléments qui allaient constituer notre monde actuel. Au cours du temps se sont créées des structures de plus en plus riches et complexes. Cette évolution continue, nous y participons.

La perfection est inaccessible. La détresse humaine se retrouve dans ce constat. Le mythe du Paradis perdu et du péché originel montre à quel point l'homme en a conscience et en souffre. L'histoire de l'humanité tout entière est celle d'une quête : la quête du bonheur parfait. Mais c'est précisément cet inachèvement permanent qui permet la créativité et l'évolution. Si tout était parfait, il ne se passerait plus rien. En ce sens, l'imperfection n'est plus un mal, c'est un ferment. Nous vivons dans une dynamique, dont la mort représente l'un des fondements. C'est probablement dans cette participation à l'évolution du monde par la recherche permanente et la création toujours renouvelée que se trouve le nouveau sens de notre vie sur Terre.

L'humanité commence à se découvrir elle-même par rapport à l'Univers. Elle acquiert les moyens de prendre en charge sa propre destinée, comme le grand enfant lorsque le moment est venu de quitter la tiédeur du foyer familial. Cette démarche est difficile, mais exaltante. Nous verrons que la science ressemble à une spirale ouverte sur l'infini, et que la démarche artistique se retrouve en symbiose avec elle dans ce cheminement.

1

Vestiges et vertiges

Tinakachaker : un nom qui chante, un site sublime, cirque de sable entouré de hauts rochers, au beau milieu du Tassili du Hoggar, dans le Sahara. Une caravane de touristes « sportifs », conduits par des Touaregs, y a établi son camp pour la nuit. La vue s'étend très loin vers l'ouest, dans la direction du soleil couchant. Quelques nuages dispersés dans le ciel ajoutent à ce paysage sublime une délicate teinte rouge et or qui le rend féerique. On se tait, conscient d'être en train de vivre un de ces instants privilégiés qui ouvrent sur l'éternité. Chacun se glisse dans son chaud duvet, à même le sable. Pas besoin de tente pour se protéger. On vit en symbiose avec la nature, avec le ciel pour toit. On s'endort, en faisant des rêves colorés.

Un cri d'allégresse tout à coup nous réveille : « Le ciel ! Regardez le ciel ! » Tous les nuages ont disparu. La nuit nous enveloppe, noire et profonde, et la voûte étoilée scintille de tous ses feux. La Voie lactée traverse cet espace comme un chemin d'argent au milieu d'un jardin de fruits d'or. Le ciel est si pur, le noir si dense, les étoiles si brillantes, qu'on croirait pouvoir les cueillir en étendant le bras. L'émotion nous envahit. Le dos sur le sable, profondément concentrés, nous sentons intensément chaque point de contact entre notre propre corps et la planète qui nous a donné la vie. Nous rentrons en nous-mêmes, et par là même nous nous ouvrons vers l'infini.

Déstabilisation

L'humanité perd ses repères. Il y a longtemps, les hommes pensaient que la Terre se trouvait au centre du monde, fixe et immuable : la Terre-mère, la Terre-nourrice, la Terre-repos. Le Ciel s'étendait au-dessus d'elle, mythique, divin, parfait : le Ciel-Paradis, espoir d'un monde meilleur. Le Ciel et la Terre, c'était le Bien et le Mal, le Parfait et l'Imparfait, le Bonheur et le Malheur, l'Eternel et le Temporel, la Vie et la Mort.

Puis la Terre s'est mise à tourner autour du Soleil : révolution terrestre, révolution de la pensée, déstabilisation. L'idée que la Terre était un corps céleste fut bien difficile à accepter : le Ciel et la Terre étaient donc du même monde, et l'imperfection régnait dans les cieux comme ici-bas. Il a fallu renoncer à la première interprétation naïve des textes religieux. Les hommes s'y sont petit à petit habitués. Le Soleil n'était pas trop loin, il était presque tangible, et amical aussi. Nous lui devions les moissons d'or, les fruits mûrs, la douceur de l'été : Source de Chaleur, Source de Vie, Source de Beauté.

Les planètes évoluaient autour de l'Astre central dans un ensemble parfait : l'Harmonie des Sphères. La beauté céleste s'épanouissait dans la majesteuse révolution du système solaire, que l'on imaginait comme un concert perpétuel, un « accord parfait » dont les planètes seraient les notes : structure stable par excellence, fondée sur les harmoniques d'un même son fondamental. La polyphonie de l'espace s'accordait à la polyphonie musicale dans un même élan de beauté. A l'époque où Kepler démontrait ses lois du mouvement harmonique des sphères célestes, Monteverdi créait son *Orfeo*.

Et puis tout s'est précipité. D'abord le Soleil a cessé de se trouver au centre du monde. Le Soleil est une étoile, comme toutes les étoiles. Il est simplement cent mille fois plus près de nous que les plus proches des étoiles nocturnes. Lorsqu'il est visible au-dessus de notre horizon, sa vive lumière éclaire notre atmosphère qui devient bleue, et forme alors un écran lumineux qui nous cache le ciel lointain. Les autres étoiles sont toujours là, mais nous deviennent invisibles… sauf en cas d'éclipse totale de Soleil. Ce phénomène très rare se produit lorsque la Lune cache entièrement le disque solaire. Alors le ciel s'assombrit et, pendant quelques instants, apparaissent les étoiles.

L'étoile Soleil fait partie d'un ensemble de 200 milliards d'étoiles : la Voie lactée, notre galaxie. Il n'en est pas le centre. L'Univers est parsemé de milliards de milliards de galaxies comme la nôtre, et la Voie lactée n'en est qu'une parmi toutes les autres, sans aucun signe spécial… sauf celui d'abriter une petite étoile autour de laquelle tournent quelques planètes dont une de couleur bleue, habitée.

Il n'existe pas de centre du monde. Nous avons appris que la notion même de centre n'a pas de signification. Notre planète gravite autour d'une étoile banale, parmi les 200 milliards d'étoiles d'une galaxie ordinaire, perdue dans un Univers immense, peut-être même infini…

Retour historique

On savait déjà, dans la Grèce antique, que la Terre était ronde, même si cette idée n'était pas universellement admise – certains la croyaient plate, de forme circulaire, entourée d'un grand océan qui se déversait dans le néant.

On raconte l'histoire d'un marin et astronome grec, du nom de Pythéas, qui voulait à l'époque – 300 ans avant J.-C. – voyager jusqu'au *pays où le Soleil ne se couche jamais.* L'idée qu'il existe un tel pays supposait à priori que la Terre était ronde. Il réussit à affréter des bateaux en promettant de rapporter des trésors.

Parti de Massilia, Pythéas passa le détroit de Gibraltar, remonta l'océan Atlantique vers le nord, alla, paraît-il, jusqu'en Islande, où il découvrit en effet *le pays où le Soleil ne se couche jamais.* Il accosta ensuite en Scandinavie pour charger une cargaison d'ambre, puis revint dans son pays. Malheureusement pour lui, personne ne le crut, et il se fit en plus de nombreux ennemis en faisant chuter la valeur de l'ambre dont il ramenait de trop grandes quantités. Aucun écrit ne nous reste de Pythéas. Il subsiste en revanche des écrits de ses détracteurs grâce auxquels nous connaissons maintenant son histoire.

Un demi-siècle plus tard, Ératosthène d'Alexandrie mesura pour la première fois le rayon de la Terre. Dans la ville de Syène – aujourd'hui Assouan –, les rayons du Soleil pouvaient pénétrer au fond d'un puits au moment précis du solstice d'été, à midi. Il se trouvait donc exactement au zénith, c'est-à-dire à la

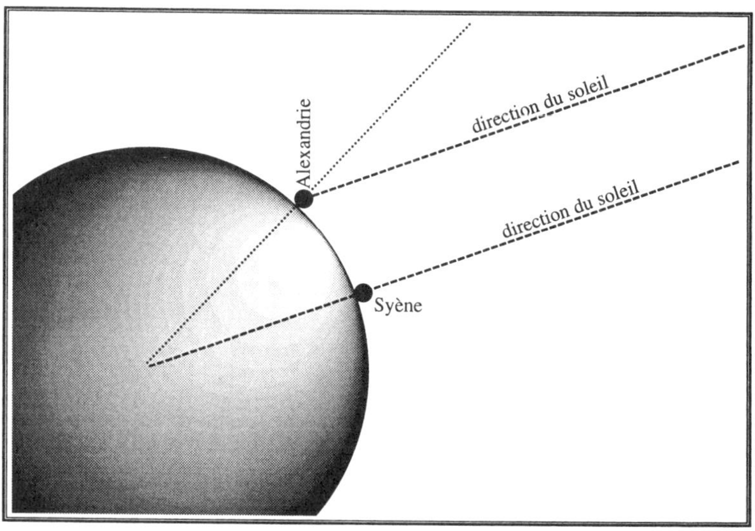

1.1. Expérience d'Ératosthène (environ 250 avant J.-C.).

A midi, le jour du solstice d'été, le Soleil était au zénith à Syène et à 7° 12' du zénith à Alexandrie. Le zénith représentant la verticale du lieu, c'était la preuve que la Terre était ronde. Connaissant l'angle et la distance entre les deux villes, Ératosthène en déduisit le rayon de la Terre.

verticale. Ératosthène décida d'observer le Soleil au même instant depuis la ville d'Alexandrie, située plus au nord, sur le même méridien terrestre. Là, il ne se trouvait pas au zénith, mais dans une direction qui faisait un angle de 7 degrés environ avec la verticale. Les rayons solaires provenant tous de la même direction, Ératosthène en déduisit que ce qui changeait entre Syène et Alexandrie, c'était la verticale. Tout cela s'expliquait bien si la Terre était ronde, puisque alors la verticale d'un lieu se trouvait être la direction du centre de la Terre. Comme Ératosthène connaissait la distance d'Alexandrie à Syène (5 000 stades, soit environ 790 de nos kilomètres), il calcula la circonférence terrestre et son rayon, d'environ 6 400 kilomètres.

A la même époque vivait un philosophe du nom d'Aristarque de Samos. Dès l'an 300 avant Jésus-Christ, ce philosophe découvrit que le mouvement des planètes dans le ciel s'expliquerait mieux si la Terre tournait autour du Soleil et non l'inverse. La théorie d'Aristarque est citée par Archimède dans la préface d'un de ses ouvrages, *Le Sablier*[1] : « Vous n'êtes pas sans savoir que par l'Univers, la plupart des astronomes signifient une sphère ayant son centre au centre de la Terre [...]. Toutefois Aristarque a publié certains écrits sur les hypothèses astronomiques. Les présuppositions qu'on trouve dans ces écrits suggèrent un Univers beaucoup plus grand que celui mentionné plus haut. Il commence en fait avec l'hypothèse que les étoiles fixes et le Soleil sont immobiles. Quant à la Terre, elle se déplace autour du Soleil sur la circonférence d'un cercle ayant son centre dans le Soleil. » Mais les esprits n'étaient pas prêts à l'époque à recevoir ce message, et il a fallu pas moins de dix-huit siècles pour revenir à l'idée que la Terre pouvait se mouvoir dans l'espace !

1. Voir J. R. Roy, *L'Astronomie et son histoire*, Presses de l'Université du Québec, éd. Masson, 1982.

Les bâtisseurs de cathédrales

Que s'est-il passé pendant tout ce temps ? De grands prodiges, sans aucun doute, associés à une grande richesse de pensée. N'est-ce pas l'époque de la construction des cathédrales ? Les géomètres, les architectes, les artistes découvraient de nouvelles techniques qui, alliées à un sens profond de la beauté, les conduisaient à créer des chefs-d'œuvre.

C'était l'époque des trouvères, dans le nord de la France, et des troubadours, dans les pays occitans. Chansons d'amour, mais aussi chansons d'humour. On aimait rire, on aimait se moquer. On se moquait de la mort comme du reste : naturelle, toujours présente, on vivait à son contact, souvent dans la cruauté. C'était aussi l'époque des massacres des hérétiques et des bûchers de sorcières.

Dans l'Europe christianisée, la « pensée scientifique » s'est trouvée muselée. Qui osait émettre une idée originale sur la structure et l'évolution du monde risquait la mort. Les textes religieux, ou plus précisément leur interprétation officielle, représentaient la vérité absolue. Personne n'avait le droit d'en douter. C'est ainsi que le moine saint Pierre Damien pouvait écrire, aux environs de 1050 : « Platon scrute les secrets de la mystérieuse nature, fixe des bornes aux orbes des planètes et calcule la course des astres : je le rejette avec dédain. Pythagore divise en latitudes la sphère céleste : j'en fais peu de cas... Euclide se penche sur les problèmes embrouillés de ses figures géométriques : je le congédie également[1]... »

Mais tous les moines ne montraient pas une attitude aussi extrême que Damien, fort heureusement. Certains réfléchissaient à la géographie terrestre et dressaient des cartes d'une grande précision. C'est un moine établi en Allemagne, Martin Behaïm, qui

1. Traduit et cité par E. Gilson, *La Philosophie du Moyen Âge*, Payot, 1986.

construisit en 1492, l'année du départ de Christophe Colomb, le premier globe terrestre. Il faut bien mesurer l'importance de cette matérialisation de la rotondité de la Terre : il est très différent de savoir que la Terre est ronde, et d'en construire une maquette. Il s'agit là d'une étape fondamentale dans l'évolution de la pensée humaine. La Terre et le Ciel ne sont plus d'essence différente : la Terre est devenue un corps céleste. Les grands voyages maritimes ont permis de prendre conscience de sa globalité.

Environ un siècle plus tard, la mise au point de la lunette astronomique ouvrira des horizons nouveaux. Elle permettra de découvrir que la Lune et les planètes présentent des imperfections semblables à celles de la surface terrestre. Non sans difficulté, l'humanité devra se situer elle-même dans ce nouveau contexte. « Désormais, l'Homme a un destin terrestre et doit en chercher les lois[1] ».

Altaïr et les autres

La démarche que nous appellerions aujourd'hui « scientifique », quasi inexistante en Europe au Moyen Âge, était en revanche bien développée dans les pays arabes. Ce sont leurs chiffres que nous utilisons encore actuellement ! Il est vrai que les musulmans, comme les chrétiens, ont eu quelques difficultés à concilier leur démarche religieuse avec l'observation de la nature. Ludwik Celnikier rappelle que l'incendie de la bibliothèque d'Alexandrie, commencé accidentellement, fut terminé par les musulmans car, selon la tradition, «si le contenu de la bibliothèque s'accorde avec le Coran, elle est inutile, et s'il y a des désaccords, elle est néfaste[2] ».

---

1. J. Attali, *1492*, Fayard, 1991.

2. L.M. Celnikier, *Histoire de l'astronomie*, Petite collection d'histoire des sciences, Techniques & documentation, 1996.

Il semble cependant que l'enseignement du Prophète ait conduit ses adeptes à s'intéresser à la compréhension du monde, à la suite des penseurs de la Grèce antique. Au Moyen Âge, les Arabes observaient beaucoup le ciel. Ils avaient construit plusieurs observatoires : celui de Bagdad date de 827. Ils inventèrent des instruments astronomiques, comme l'astrolabe, qui servait à mesurer la position des astres dans le ciel au-dessus de l'horizon.

Les noms de la plupart des étoiles brillantes que nous utilisons encore aujourd'hui sont des noms arabes. Altaïr, par exemple, l'étoile la plus brillante de la constellation de l'Aigle, reconnaissable par les deux petites étoiles qui l'encadrent, signifie « l'Oiseau ». Les astronomes professionnels ont à présent d'autres façons de les classer : une méthode traditionnelle, pour les étoiles les plus brillantes, est de les nommer par une lettre grecque (en avançant dans l'alphabet pour les étoiles de moins en moins brillantes) suivie de trois lettres représentatives du nom de la constellation en latin. Altaïr est ainsi alpha Aql (étoile la plus brillante de la constellation *Aquila,* l'Aigle). Ils ont aussi des catalogues, incluant des milliers d'étoiles, beaucoup plus nombreuses que toutes celles que l'on pourrait nommer à l'aide d'un alphabet. L'un des plus anciens est appelé HR (Harvard Revised Photometry), mais le plus courant est encore le catalogue HD (Henry Draper Catalogue). Par exemple, Altaïr est aussi HR 7557 ou HD 187642, et Sirius porte les numéros HR 2491 ou HD 48915, de la même manière que la « Sonate au clair de lune » de Ludwig van Beethoven s'appelle aussi, plus prosaïquement, la sonate opus 27 n° 2 !

La science arabe s'est ainsi transmise aux Européens, en particulier par l'Espagne et le centre de Cordoue. En ce qui concerne l'astronomie, il ne s'agissait que d'une amélioration de l'observation des positions et des mouvements des corps célestes. Aucune grande révolution dans notre conception scientifique du monde ne peut être attribuée à cette époque. Elle a cependant fourni les outils de base qui ont permis l'ensemble des découvertes fondamentales de l'Univers contemporain.

Les Chinois et le Crabe

Les Chinois observaient aussi le ciel avec beaucoup d'attention à l'époque du Moyen Âge. Ils nous en ont laissé des descriptions et des cartes très précises. En l'an 1054 se produisit l'un des phénomènes célestes les plus spectaculaires : une étoile « ordinaire » devint tout à coup tellement brillante qu'on pouvait la voir en plein jour ! Il s'agissait d'une explosion d'étoile, de ce que nous appelons maintenant une supernova. Nous savons que les grosses étoiles explosent quand elles ont fini d'utiliser toute l'énergie nucléaire interne dont elles disposent. Elles peuvent alors devenir des milliers de fois plus brillantes, en quelques heures. La supernova observée en 1054 par les Chinois était située dans la constellation du Taureau. Sa position exacte est notée dans des cartes, accompagnée d'une description détaillée. A cet endroit précis du ciel, nous observons à présent, presque mille ans plus tard, une nébuleuse tourmentée connue sous le nom de « nébuleuse du Crabe ». Elle renferme un pulsar en son sein : petite étoile extrêmement dense qui, en tournant, nous envoie des signaux lumineux à intervalles très réguliers. C'est ce qui reste de l'explosion observée par les Chinois.

Il est intéressant de se demander pour quelles raisons aucun écrit autre que ceux de Chine ne relate l'événement extraordinaire de l'an 1054. Il semble que certains Indiens d'Amérique aient laissé des dessins pouvant représenter cette supernova, bien que l'interprétation de ces dessins ne soit pas certaine. On n'a jamais retrouvé en Europe aucune indication à ce sujet. Les Européens ne regardaient-ils donc pas le ciel ? Avaient-ils peur des événements naturels au point de vouloir les ignorer ? A moins qu'un jour, dans un livre perdu au fond de la bibliothèque d'un ancien monastère, nous ne retrouvions quelques indications…

La supernova de 1054 ne fut pas la seule décrite par les Asiatiques. Une supernova encore plus brillante, située dans la constellation du Loup, avait été observée dès l'an 1006. Elle brillait, paraît-il, d'une manière comparable à la pleine Lune ! La constellation du Loup se trouve cependant dans l'hémisphère Sud, difficilement visible des latitudes européennes, ce qui explique qu'elle n'y ait pas été remarquée. La constellation du Taureau, en revanche, est bien visible de chez nous.

La première supernova observée par les Européens est celle de 1572, dans la constellation de Cassiopée, décrite par l'astronome danois Tycho Brahe. Pour Tycho, cette apparition extraordinaire initia un tournant philosophique. En effet, les Européens considéraient encore le ciel comme immuable (quel retard, par rapport aux Chinois !). Et voilà que l'on découvrait, sans aucune ambiguïté possible, qu'il pouvait se passer « là-haut » des événements nouveaux. Ce phénomène constitua à l'époque l'un des éléments d'unification de la Terre et du Ciel.

De nombreuses supernovae sont maintenant répertoriées par les astronomes. Ils estiment qu'il se produit environ une explosion d'étoile tous les cinquante ans par galaxie. Après l'explosion, il reste en général, au centre de la nébuleuse gazeuse, une petite étoile très dense, qui peut avoir la masse du Soleil concentrée dans un rayon de quelques dizaines de kilomètres. C'est-à-dire qu'une cuiller à café de cette matière a une masse de quelques centaines de millions de tonnes ! Une telle étoile possède un champ magnétique intense, comme un gigantesque aimant, qui concentre l'émission de rayonnement le long de ses pôles magnétiques, comme des faisceaux de lumière. L'étoile tourne sur elle-même autour d'un axe différent de l'axe magnétique. Si nous sommes situés dans la bonne direction, nous recevons une impulsion lumineuse régulière à chaque fois qu'un faisceau pointe vers nous. Ces phares célestes sont des pulsars, si réguliers qu'ils peuvent être comparés à des « horloges cosmiques ». Ils sont tellement précis que la détection d'infimes variations dans cette régularité présente des implications physiques considérables, comme la mise en évidence d'ondes associées à la gravitation[1].

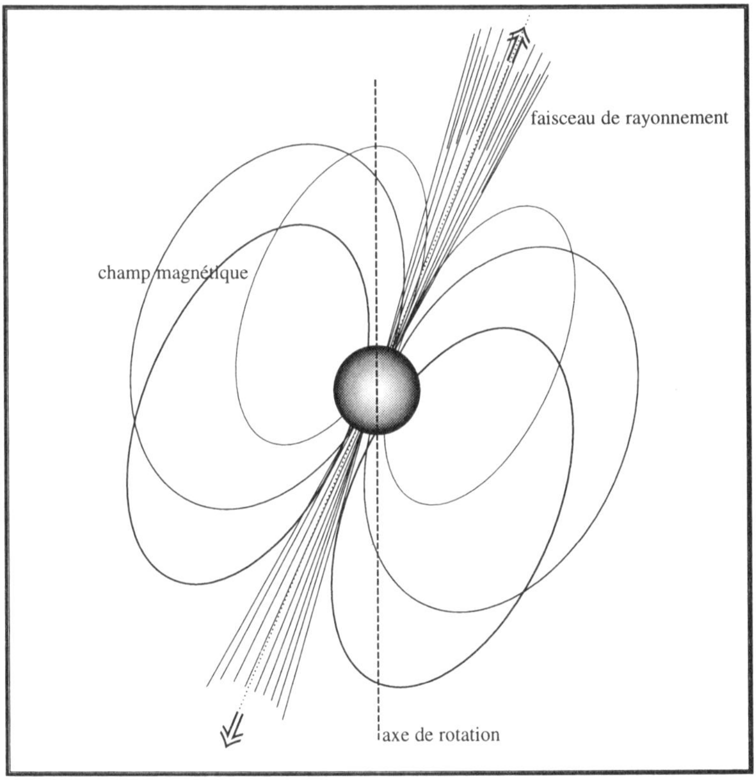

1.2. Pulsar.

C'est une petite étoile magnétique très dense. Elle émet des faisceaux de lumière dans la direction de ses pôles magnétiques, et elle tourne comme un phare céleste.

1. L'existence d'ondes gravitationnelles, associées à l'interaction gravitationnelle entre deux corps massifs, a récemment été mise en évidence grâce aux variations de période d'un pulsar double.

Une Terre vagabonde

Les Chinois et les Arabes observaient attentivement les étoiles, mais ils ne semblent pas avoir dépassé le niveau d'une simple description du ciel. Aucune théorie nouvelle du monde n'a jailli de leurs observations. Ce n'est qu'au début du XVIe siècle, et en Europe, que l'idée d'une Terre en mouvement finit par s'imposer.

Les théories géocentriques avaient été raffinées au maximum : on tenait tellement à garder la Terre au centre du monde ! Et pourtant, le mouvement des planètes dans le ciel était bien difficile à expliquer dans ce contexte. Le problème, c'est que les planètes ne se déplacent pas toujours dans le même sens, lorsque nous les observons depuis la Terre : elles semblent parfois reculer pour repartir ensuite dans la même direction. Comme si elles se moquaient des hommes qui auraient souhaité des mouvements célestes toujours parfaits. Il fallait des modèles théoriques de plus en plus compliqués, comme celui des « épicycles » de Ptolémée, pour essayer de rendre compte des observations. Mais ces améliorations successives ne suffisaient pas à suivre exactement dans leur course ces objets célestes à l'humeur vagabonde. Jusqu'à ce que cette accumulation d'incohérences finisse par faire sauter le verrou, et ce fut la révolution copernicienne.

C'est ainsi que la science continue à fonctionner. On se situe à une époque donnée dans un ensemble de théories, couramment admises, qui rendent compte du plus grand nombre de faits naturels observés, de la manière la plus cohérente possible. Ces théories sont érigées en une sorte de dogme, un *paradigme*. On avance dans ce cadre, on fait des découvertes, on complique les modèles, il devient de plus en plus difficile de concilier les résultats des calculs, les expériences et les observations. Les incohérences s'accumulent jusqu'à ce qu'un verrou saute et que l'on passe alors dans une dimension nouvelle.

Ce fut le cas beaucoup plus tard, avec Albert Einstein. Les

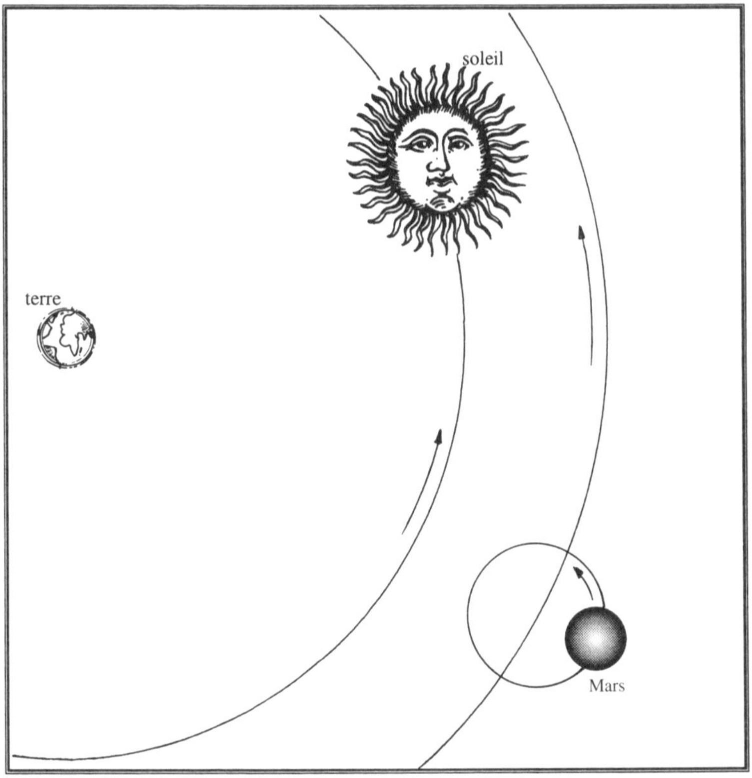

1.3. Les épicycles de Ptolémée (100-165 après J.-C.).

Pour expliquer le mouvement des planètes, rétrograde à certaines périodes, Ptolémée imaginait un système complexe à base de cercles : les planètes décrivaient des cercles (les épicycles) dont les centres décrivaient eux-mêmes des cercles (les déférents) autour d'un point... décalé par rapport à la Terre. Ce système de description du monde des planètes, publié dans l'*Almageste*, fut accepté pendant 1 400 ans, jusqu'à Copernic *(De revolutionibus orbium celestium).*

résultats de ses équations lui montraient que l'Univers devait évoluer. Convaincu au contraire que l'Univers était immuable, Einstein n'accepta pas cette évidence. Il introduisit une constante dans ses équations pour les obliger à décrire un monde statique... jusqu'au jour où les observations astronomiques d'Edwin Hubble montrèrent que l'Univers était en expansion !

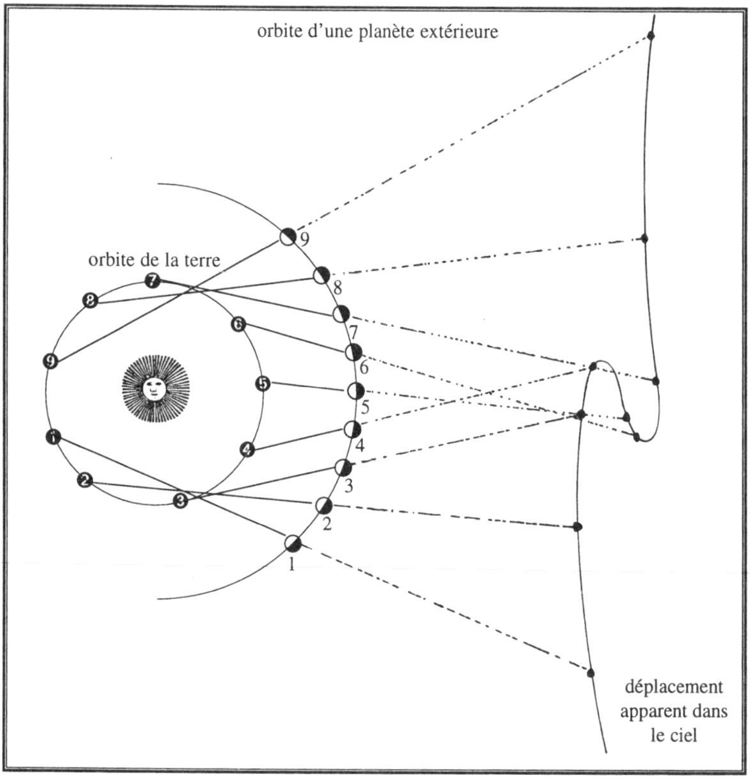

1.4. Explication moderne du mouvement rétrograde d'une planète extérieure, c'est-à-dire plus éloignée du Soleil que la Terre.

C'est le mouvement respectif de la planète et de la Terre qui produit l'effet de recul apparent de la planète.

Ce fonctionnement de la démarche scientifique est sans doute une nécessité : il faut un cadre pour canaliser les recherches qui permettront d'aboutir dans une autre dimension. Comme l'exprimait le philosophe Karl Popper dans son livre *La Quête inachevée*[1] : « Le dogme nous fournit le cadre des coordonnées nécessaires à l'exploration de l'ordre de ce nouveau monde inconnu (lui-même

1. K. Popper, *La Quête inachevée, autobiographie intellectuelle*, Calmann-Lévy, 1981.

quelque peu chaotique, peut-être), et nous permet de créer l'ordre là où il faisait défaut (...). Une fois que nous avons trouvé, ou érigé, quelques points de repère, nous procédons en mettant à l'épreuve de nouvelles manières de mettre de l'ordre dans le monde, de nouvelles coordonnées, de nouvelles méthodes d'exploration et de création... »

Au-delà du système solaire

L'idée publiée dans le célèbre ouvrage de Nicolas Copernic *De revolutionibus orbium coelestium* en 1543, année de sa mort, supposait le Soleil au centre du monde, illuminant les cieux. L'Univers consistait en sphères concentriques tournant autour de l'Astre central. La Terre, en rotation sur elle-même autour de l'axe des pôles, se trouvait entraînée par l'une de ces sphères. Tout révolutionnaire qu'il fût à l'époque, le schéma copernicien représentait encore un Univers petit, fermé sur lui-même. Et pourtant, l'idée d'un Univers immense, peut-être infini, germait déjà depuis un siècle.

On connait moins Nicolas de Cusa, philosophe allemand du début du XVe siècle, que Nicolas Copernic, philosophe polonais du début du XVIe siècle. Et pourtant c'est Nicolas de Cusa qui émit l'hypothèse la plus révolutionnaire, celle d'un Univers infini, qui ne pouvait avoir aucun centre, pas même le Soleil, et qui devait être semblable à lui-même quel que soit l'endroit d'où on l'observe – ce que nous appelons de nos jours le « principe cosmologique ». L'idée de Cusa fut ensuite reprise et développée par Giordano Bruno, brillant philosophe italien, brûlé vif pour ses idées sur la place de Rome, le 17 février 1600, à l'âge de 52 ans : le visionnaire, en avance sur son époque, était resté un incompris. Il avait fallu dix-huit siècles pour accepter l'idée d'Aristarque de Samos. Il ne fallut que trois siècles et demi après la mort de Giordano Bruno pour que s'impose l'idée qu'il n'existe pas de centre à l'Univers.

La fin tragique de Giordano Bruno a probablement influencé Galilée lors de son procès en 1633 : mieux valait pour lui rétracter ses affirmations que finir sur le bûcher. A cette époque, le Ciel représentait la perfection, alors que sur Terre régnait le mal. Le Ciel, c'était le Paradis, le lieu du bonheur éternel, l'endroit bienheureux où les âmes des justes montaient après leur mort. Et qu'avait vu Galilée, avec ce nouvel instrument, cette lunette astronomique qu'il s'était lui-même construite ? Des montagnes sur la Lune, des satellites autour de Jupiter ! Non seulement Galilée découvrait au firmament des structures inconnues jusqu'alors, mais il observait dans le ciel des paysages semblables à ceux de la Terre !

L'abjuration de Galilée a certainement été douloureuse, mais cet événement montre une fois de plus que les sociétés humaines sont impuissantes à vouloir arrêter l'évolution de la connaissance. Le message de Galilée a traversé sans encombre sa rétractation pour être transmis aux générations ultérieures. Les modèles héliocentriques se sont développés, les lunettes astronomiques et les télescopes sont devenus de plus en plus performants, conduisant à de nouvelles gerbes de découvertes scientifiques. Les observations accumulées pendant trois siècles, associées à d'importantes études théoriques, ont finalement conduit au plus grand saut de l'humanité dans l'espace.

Le grand saut

La Terre est une planète. Elle ne se trouve pas fixe, immuable, au centre du monde. Ce fut le premier saut psychologique de l'homme dans l'espace : la Terre tournait autour du Soleil, lui-même considéré comme le centre de l'Univers. Le deuxième saut fut peut-être encore plus perturbant pour la pensée humaine : c'est qu'il n'y a pas de centre du tout dans l'Univers ! Nous n'y occupons aucune position privilégiée quelle qu'elle soit.

Pour bien comprendre l'importance de ce « grand saut », revenons à l'héliocentrisme et au mouvement des planètes tel qu'il fut étudié, calculé et décrit par Johannes Kepler au début du XVIIe siècle. Les planètes décrivaient autour de l'astre central des mouvements harmoniques semblables à des accords musicaux parfaitement ordonnés et structurés. « Ainsi les mouvements des cieux sont simplement un genre de concert perpétuel, rationnel plutôt qu'audible ou vocal. Ils se meuvent à travers la tension des dissonances qui ressemblent à des syncopes ou des suspensions avec leurs résolutions (...), aboutissant à des conclusions sûres et prédéterminées, qui contiennent toutes six termes comme un accord composé de six voix[1]. »

Les astronomes ne connaissaient à l'époque que six planètes et leur vision du monde ressemblait bien peu aux modèles actuels. Nous savons à présent que les planètes évoluent de manière ordonnée à court terme, probablement chaotique à long terme, près d'une étoile banale animée d'un mouvement complexe à l'intérieur d'une galaxie spirale ordinaire, elle-même lancée à toute allure dans un Univers peut-être infini !

Pour en arriver à cette nouvelle conception du monde, il fallait être capable de concevoir l'espace non pas tel que nous le voyons depuis la Terre, avec notre propre perspective, mais tel qu'il existe en réalité, indépendamment de nous. Dans l'image copernicienne, les étoiles se trouvaient encore sur une sphère centrée sur le Soleil. Nous devions donc passer dans la troisième dimension, c'est-à-dire mesurer la distance des étoiles pour déterminer leur position réelle dans l'espace.

Le ciel de nos ancêtres, celui qui risquait de nous tomber sur la tête, disparaissait définitivement. Nous entrions, avant même

1. J. Kepler, extrait de *Gesammelte Werke*, traduit par K. Popper dans son livre *La Quête inachevée*, *op. cit.*

la conception des fusées et des satellites, dans une ère nouvelle : l'ère spatiale.

Arpenter l'espace

Comment arpenter l'espace ? La technique de base est bien simple : c'est la méthode utilisée par nos deux yeux pour nous donner conscience du relief. Pourquoi voyons-nous en relief ? Comment puis-je évaluer que le magnifique chêne centenaire que je vois là-bas par ma fenêtre se trouve à une vingtaine de mètres de la maison, alors que le frêne feuillu à sa gauche se trouve un peu plus loin, à une trentaine de mètres ? C'est que chacun de mes yeux voit l'arbre dans une direction légèrement différente : l'information transmise au cerveau n'est pas tout à fait la même. Le cerveau est capable d'intégrer les deux données et d'en déduire la distance de l'objet.

On peut artificiellement, sur une image, redonner la sensation du relief. Il suffit de superposer les deux images que verraient chacun de nos deux yeux dans la réalité. Une méthode

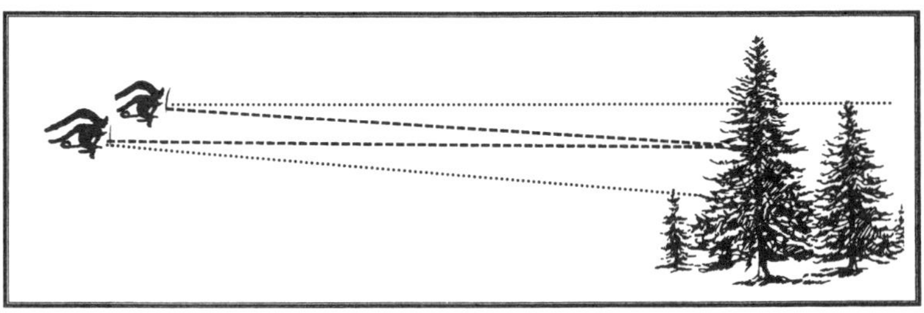

1.5. Méthode de triangulation.

Nous avons conscience du relief parce que nous avons deux yeux. Chacun voit le même objet (ici le sapin) dans une direction légèrement différente. De même pouvons-nous déterminer la distance d'un objet éloigné en l'observant de deux points différents.

consiste à leur donner des couleurs différentes, par exemple vert et rouge. On porte alors des lunettes spéciales, vertes d'un côté, rouges de l'autre… et l'image prend tout à coup une profondeur insoupçonnée ! Une autre méthode consiste à diviser une image en bandes verticales parallèles, dans lesquelles chaque structure du dessin est un peu décalée. C'est un *stéréogramme.* Si nous accommodons notre regard correctement, la série de bandes que voit notre œil droit est décalée d'une unité par rapport à celle que voit notre œil gauche. Mais notre cerveau croit que c'est la même ! Il reconstruit ainsi une image en relief.

Cette technique naturelle au corps humain, c'est la *méthode de triangulation.* De même que Monsieur Jourdain faisait de la prose sans le savoir, nous passons notre temps à trianguler ! Il est vrai que nous faisons plus que cela : notre cerveau travaille d'une manière très complexe, et si nous fermons un œil, nous ne perdons pas totalement notre capacité d'évaluer les distances. Il n'empêche que nos deux yeux nous aident beaucoup pour y arriver !

La méthode de triangulation a des limites. Si je peux évaluer la distance des arbres proches, je suis incapable de repérer si cette crête montagneuse au loin se trouve devant ou derrière l'autre. L'écartement de mes yeux est trop faible pour que je puisse faire la différence quand l'objet se trouve si loin. Cet écartement, on l'appelle la *base de triangulation.*

Si je veux améliorer mes performances, il me faut augmenter ma base de triangulation. Je peux, par exemple, utiliser deux longues-vues que je placerai à une distance respectable l'une de l'autre, et je pointerai le même objet, celui dont je veux mesurer la distance. Je repérerai la direction de l'objet à partir de la première longue-vue, et je ferai de même avec la seconde. Les deux directions seront légèrement différentes, parce que les deux longues-vues ne sont pas au même endroit. Un simple petit calcul me donnera la distance de l'objet.

Plus on veut observer loin, plus il faut augmenter la base de triangulation. La plus grande base de triangulation possible sur

Terre, c'est le diamètre terrestre. Mais l'écartement n'est encore pas suffisant pour mesurer la distance de l'étoile la plus proche. Alors on se souvient que la Terre fait le tour du Soleil en un an. Si l'on peut repérer la direction d'une étoile proche par rapport aux galaxies lointaines au cours du mois de janvier, et si l'on refait la même mesure en juillet, le résultat trouvé doit être dif-

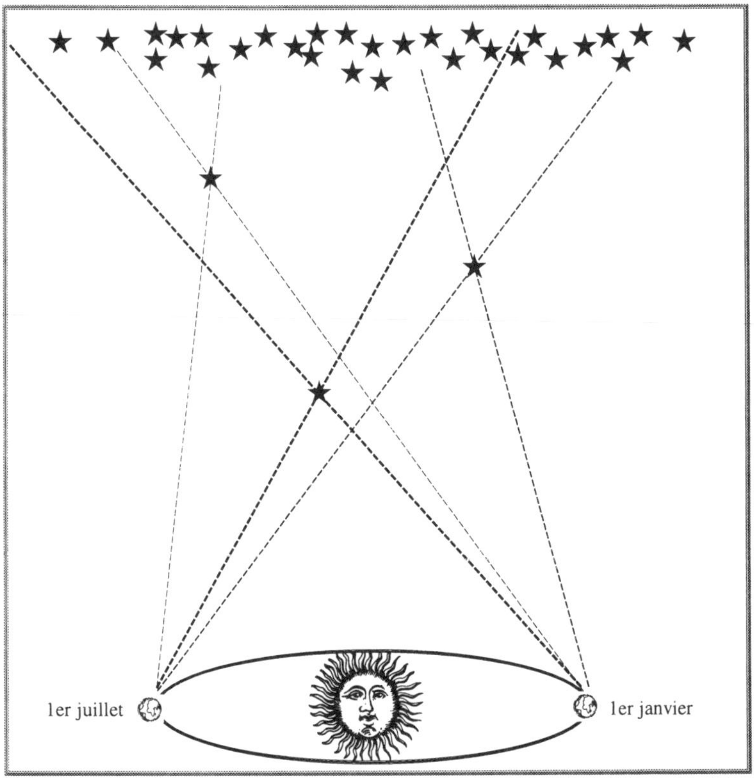

1.6. Schéma simplifié de la méthode de triangulation appliquée aux étoiles proches.

Si l'on observe une même étoile en janvier et en juillet, elle apparaît dans une direction différente sur le fond d'étoiles lointaines. La variation de la direction d'observation au cours de l'année permet ainsi de mesurer sa distance. En réalité la mesure est délicate et compliquée à cause des mouvements respectifs de l'étoile et du Soleil.

férent, puisque la Terre a bougé ! Nous avons ainsi à notre disposition une immense base de triangulation : le diamètre de l'orbite de la Terre autour du Soleil.

Le Soleil bouge aussi pendant ce temps, ainsi que l'étoile observée, ce qui rend la mesure plus délicate. Mais il en faudrait plus pour rebuter les astronomes, qui savent effectuer ce calcul de manière très précise. Ils ont placé un satellite sur orbite, Hipparcos, spécialement dans le but de mesurer de cette manière la distance d'environ 150 000 étoiles. Les mesures sont en effet moins précises depuis le sol que depuis l'espace, car l'air brouille toujours un peu les images.

Nous reconnaissons ici un étonnant clin d'œil du destin. Dans la Grèce antique, certains contemporains d'Aristarque de Samos avaient déjà compris que si la Terre tournait autour du Soleil, la direction apparente des étoiles devait changer au cours de l'année. Ce phénomène n'étant pas observé, Aristarque était mis en défaut. Il avait pourtant raison, mais les étoiles sont beaucoup plus éloignées qu'on ne pouvait l'imaginer à l'époque, et l'effet est très faible, tellement faible qu'il faut utiliser les instruments modernes pour le voir... Mais à présent, ce petit mouvement apparent des étoiles, dû au mouvement de la Terre sur son orbite, est devenu la pierre angulaire de toutes nos connaissances sur la structure de l'Univers !

Le vertige de l'espace

Comment s'y retrouver dans toutes ces distances fantastiquement grandes par rapport à l'échelle humaine ? Une bonne façon de se représenter la distance de la Lune, du Soleil et des étoiles, c'est de calculer le temps que met leur lumière pour nous parvenir. Il faut approximativement une seconde de temps pour que la lumière de la Lune parvienne jusqu'à nous. Pour la lumière du Soleil, il faut déjà huit minutes, c'est-à-dire que lorsque nous regardons le Soleil, nous ne le voyons pas tel qu'il est dans le présent, mais tel qu'il était huit minutes auparavant !

Lorsque la sonde spatiale *Voyager* se trouvait auprès de la planète Neptune, elle nous envoyait des images de la planète prises avec une caméra située à bord. Ces images nous parvenaient par ondes électromagnétiques, comme les ondes de la télévision. Ces informations, qui voyageaient donc à la vitesse de la lumière, mettaient quatre heures pour nous parvenir : les dimensions globales de notre système solaire sont de l'ordre de quelques heures-lumière.

Les étoiles sont encore beaucoup plus loin : il faut plusieurs années pour que la lumière émise par les plus proches étoiles nous arrive, ce qui illustre bien l'immensité vide de l'espace.

On entend souvent dire qu'en montant au sommet d'une montagne, on se trouve plus près des étoiles. Qu'en est-il exactement ? Dans l'Antiquité, on pensait qu'on pourrait toucher le ciel à condition de monter assez haut. Nous savons maintenant que le ciel de nos ancêtres n'existe pas. Au-dessus de nos têtes, règne l'espace infini, avec ses milliards de milliards d'étoiles comme le Soleil. La hauteur d'une montagne comme le pic du Midi de Bigorre (proche de 3 000 mètres) n'est pas plus importante, comparée à la distance des étoiles les plus proches de nous, qu'un cent millième de millimètre comparé à la distance de Toulouse à Paris !

Cœurs célestes

Les mesures directes de distances par la méthode de triangulation, cet arpentage astronomique, ne sont possibles que pour des étoiles assez proches, à quelques centaines d'années-lumière au maximum. Au-delà, même le diamètre de l'orbite terrestre est une base de triangulation trop petite. Il faut recourir à d'autres techniques, plus sophistiquées. C'est un peu comme un édifice que l'on construit petit à petit après en avoir posé la première pierre !

Une méthode couramment utilisée pour les mesures de distances, c'est la méthode des étoiles variables, ou étoiles pulsantes. Attention ! il ne faut pas confondre les étoiles pulsantes avec les pulsars. Les pulsars sont des phares célestes qui se créent après l'explosion d'une supernova. Les étoiles pulsantes sont plutôt des cœurs célestes : elles se gonflent et se dégonflent, comme des battements cardiaques. Plus elles sont lumineuses, plus les battements sont espacés. En effet si l'étoile est plus lumineuse, c'est qu'elle est plus grosse, et il faut alors plus de temps à un batte-

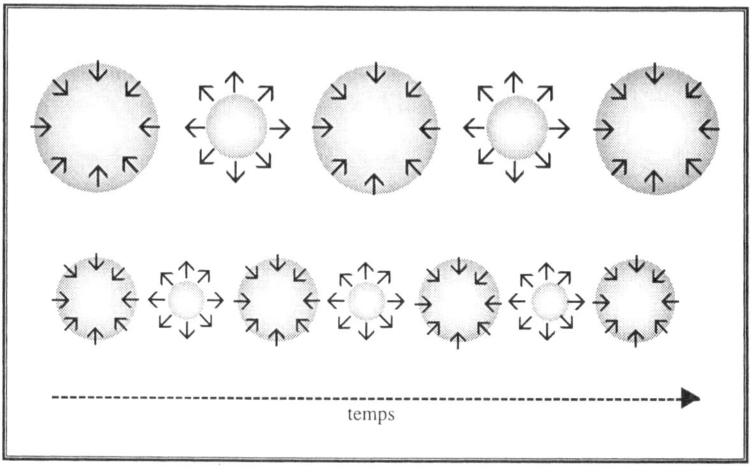

1.7. Les étoiles céphéïdes.

La lumière rayonnée par une céphéïde varie au cours du temps parce que l'étoile pulse, c'est-à-dire qu'elle se gonfle et se dégonfle. La période de pulsation est d'autant plus longue que l'étoile est, en moyenne, plus lumineuse. Une étoile plus petite *(en bas)* varie plus vite qu'une étoile plus grosse *(en haut)*. En pratique il suffit de mesurer la période de pulsation d'une céphéïde pour connaître précisément sa luminosité, c'est-à-dire l'énergie moyenne rayonnée par seconde. La mesure du rayonnement reçu donne alors sa distance.

ment pour se développer. Pour les étoiles pulsantes les plus connues, appelées Céphéïdes – du nom de la constellation de Céphée où la première de ces étoiles a été observée –, le temps entre deux battements est de l'ordre de quelques jours. Il suffit de mesurer précisément ce temps pour en déduire la quantité totale d'énergie lumineuse que l'étoile rayonne. Or, avec la même quantité d'énergie rayonnée, l'étoile nous apparaît plus ou moins brillante suivant qu'elle se trouve plus près ou plus loin de nous. C'est ainsi qu'on peut en déduire sa distance.

L'astronome américain Harlow Shapley, en 1917, a pu ainsi mesurer la distance des étoiles pulsantes contenues dans les regroupements d'étoiles appelés « amas globulaires ». Il a découvert que ces amas stellaires, qui comprennent les étoiles les plus vieilles de notre galaxie, gravitent autour d'un centre qui n'est pas le Soleil. Ce résultat a depuis été confirmé par de nombreuses observations.

La Voie lactée

Avez-vous déjà vu la Voie lactée ? Elle ressemble à une large traînée blanchâtre qui traverse tout le ciel. Elle brille très faiblement, et on ne peut la distinguer que par de très belles nuits. Certains l'appellent encore le « chemin de Saint-Jacques », en souvenir des pèlerins de Saint-Jacques-de-Compostelle qui croyaient y voir l'image céleste de leur quête terrestre : chemin réconfortant par sa permanence dans les périodes de découragement qui jalonnaient leur piste. Pour les Indiens de Guyane, c'était le « chemin de l'argile », celui qui menait vers cette denrée précieuse avec laquelle on fabriquait les poteries d'usage courant. C'est sa couleur blanchâtre qui lui a valu son nom le plus usité de « Voie lactée », ou encore de « galaxie » (du grec *gala, galaktos :* lait).

Galilée, grâce à sa lunette astronomique, découvrit dès 1610 que la Voie lactée était constituée d'étoiles, tellement nombreuses qu'on ne pouvait les distinguer les unes des autres à l'œil nu[1].

Un siècle plus tard, le philosophe Emmanuel Kant imaginait la Voie lactée sous forme d'un disque d'étoiles comprenant le Soleil et dont le centre pourrait être l'étoile Sirius[2]. Il pensait aussi que la Voie lactée n'était pas unique dans l'espace, et qu'il existait d'autres systèmes semblables, les « Univers-îles », ce que nous appelons à présent les galaxies.

Kant était certainement un précurseur. Mais ce qui lui manquait pour affiner son modèle, c'était une idée précise de l'éloignement des étoiles. Shapley, au début de notre siècle, découvrit que le centre de la Voie lactée se trouve à environ 30 000 années-lumière de nous, soit 3 000 fois plus loin que l'étoile Sirius (qui se trouve en fait à 8,6 années-lumière de nous) !

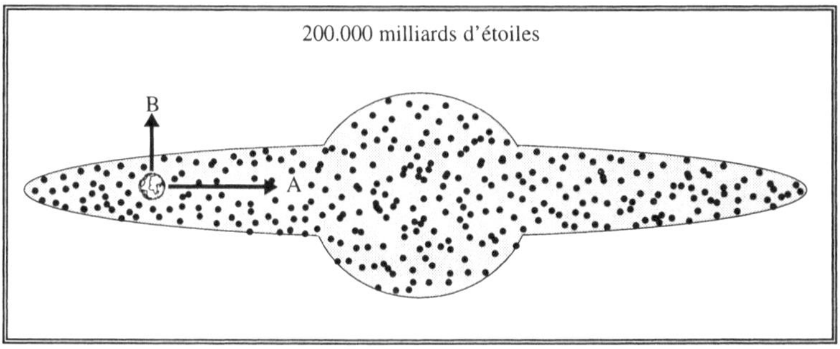

1.8. Schéma de la galaxie.

La plupart des étoiles de la galaxie sont concentrées dans un disque de 100 000 années-lumière de diamètre, dont le Soleil fait partie. Toutes les étoiles que nous voyons dans le ciel appartiennent à la galaxie. Lorsque nous regardons dans la direction du disque (direction A), les étoiles sont tellement proches les unes des autres que l'œil ne peut pas les distinguer : c'est la Voie lactée. Dans la direction perpendiculaire B, nous voyons peu d'étoiles, bien séparées : celles de notre ciel nocturne habituel.

1. Galilée, *Sidereus Nuncius*, Venetiis, 1610.
2. Kant, *Théorie du Ciel*, 1755.

En réalité, toutes les étoiles que nous voyons à l'œil nu dans le ciel font partie de notre galaxie. On peut l'imaginer comme un gigantesque disque transparent parsemé de points brillants. Nous sommes enfouis dans ce disque, plus près de la périphérie que du centre. Lorsque nous regardons vers le centre du disque, il y a tellement de points brillants que nous le voyons comme une bande lumineuse : c'est la Voie lactée. Lorsque nous regardons dans une autre direction, les points brillants se font rares : ce que nous voyons alors, ce sont toutes les étoiles dispersées dans le ciel nocturne.

L'Univers que nous observons est immense, et notre galaxie elle-même ne représente qu'un petit point perdu dans toute cette immensité. Il ne faut pas moins de plusieurs milliards d'années pour que la lumière émise par les galaxies les plus éloignées que nous puissions distinguer parvienne jusqu'à nous ! Mais pour le comprendre, il a fallu d'abord faire plus ample connaissance avec la lumière, car elle est le véhicule de toutes nos connaissances sur l'Univers.

Dissonances

Qu'est devenu le concert perpétuel des planètes, si cher à Kepler, alors que nous avons perdu l'harmonie des sphères, et que notre imagination a quitté le monde de la stabilité pour s'élancer vers l'inconnu ?

En Europe, la polyphonie fondée sur la stabilité de l'accord parfait se trouvait clairement reliée à l'image du mouvement des planètes autour du Soleil. C'est alors que sont venues se greffer les *septièmes de dominante*, note supplémentaire qui, ajoutée à l'accord parfait, produit un sentiment de déstabilisation, de suspension. L'ensemble de notes qui en résulte, appelé *accord de septième*, laisse insatisfait tant qu'il ne s'est pas

« résolu » dans l'accord parfait fondamental, la note de septième étant alors transformée en *tonique*, note stable, note finale. Les musiciens ont découvert la jouissance que procure cette déstabilisation provisoire, l'exaltation lorsqu'on la prolonge. Ils ont exploité cette jouissance en osant introduire dans leurs œuvres des accords de plus en plus dissonants, jusqu'à finalement renoncer à la tonalité, symbole de la stabilité de la musique classique.

Les constructions harmoniques traditionnelles, qui reposaient sur l'accord parfait, ont laissé la place à d'autres formes, comme la musique sérielle ou dodécaphonique. Les agrégats, ensemble de notes dissonantes, sont venus compléter les accords de base. Les tons et les demi-tons se sont subdivisés pour des évolutions musicales plus subtiles, rejoignant ainsi certains aspects de la musique orientale. La musique contemporaine, de plus en plus exaltante pour qui sait s'en pénétrer, nous emporte dans les sphères de l'inconnu, dans un monde sans repères…

Cette évolution se retrouve dans tous les arts : art pictural, engagé dans l'abstraction la plus totale après un passage par l'impressionnisme ; art poétique, d'où vers, pieds et rimes ont presque complètement disparu… Rétrogradation, comme le pensent quelques-uns ? Bien au contraire, fantastique intuition créatrice parallèle à l'avancée logique de la pensée scientifique. La création artistique s'impose souvent à la conscience comme une source jaillissant du plus profond de l'être. Comment ne pas comparer ce jaillissement à l'« eurêka » d'Archimède et de tous ses successeurs dans les découvertes scientifiques ?

La déstabilisation est l'apanage de notre fin de siècle, dans tous les domaines. Mais déstabilisation ne signifie pas désespérance, bien au contraire. Déstabilisation signifie remise en question, recherche, dynamique et donc espoir.

L'éclosion humaine

Dès sa naissance, le petit enfant a besoin de découvrir le monde dans lequel il vit et de se situer par rapport à lui. Il commence par toucher, goûter, sentir ce qui se trouve dans son berceau, près de lui. En même temps, il écoute et regarde ce qui se passe tout autour. C'est sa manière d'analyser le monde. Lorsqu'il peut quitter son berceau, il se met immédiatement en quête d'analyser tout ce qui se trouve à sa portée. Les parents le savent bien, qui sont obligés pendant cette période de placer les objets dangereux ou fragiles sur les hautes étagères de la maison ! Si l'on refuse à l'enfant toute possibilité de découvrir son environnement, il cesse de s'épanouir et s'étiole.

L'humanité tout entière ressemble à ce petit enfant, lorsqu'il commence à quitter son berceau. Elle a d'abord analysé ce qui se trouvait ou tombait à sa portée : la Terre, l'atmosphère terrestre, les météorites – ces « étoiles filantes », pierres célestes qui s'embrasent dans notre atmosphère et dont les restes tombent parfois sur notre sol. Puis elle s'est lancée dans la conquête des planètes. Des hommes sont allés dans l'espace, sur la Lune, d'autres iront bientôt sur Mars. Ils ont construit des stations spatiales. Ils explorent les planètes grâce à des sondes interplanétaires. Certaines de ces sondes continuent leur voyage dans l'espace lointain, vers les autres étoiles.

Bien au-delà de son proche environnement, l'homme analyse les rayonnements des objets célestes pour mieux comprendre la structure et l'évolution de l'Univers. Il a ainsi conscience, plus ou moins intuitivement, d'être à la recherche de ses propres racines. C'est la quête fondamentale de l'être humain : celle du sens profond de son existence.

L'humanité est en train d'éclore. Elle n'est plus le centre du monde. Ses repères ancestraux se modifient. Il lui faut maintenant découvrir en elle-même de nouveaux repères, selon ses propres choix, et se forger sa nouvelle identité planétaire. L'humanité en tant que telle doit devenir adulte et prendre en charge sa propre destinée.

2

Sirius

Un petit bout de femme de 5 ans. La nuit noire. Trois heures du matin. Une caresse dans les cheveux. Maman est là. Sur la pointe des pieds, car Papa dort. Chut. C'est l'heure. Mon cœur bat très fort. On s'habille. On se glisse dehors. La main dans la main. Nous marchons sur le chemin creux qui monte vers la campagne. Nous voici sur le plateau, immense plaine beauceronne où l'horizon s'étend à l'infini. Le Baudrier d'Orion scintille dans sa splendeur. Et là nous attendons, en silence, le cœur battant. Va-t-elle bien se montrer, une nouvelle fois ? Fidèle à elle-même, Sirius se lève. L'étoile la plus brillante du ciel. Nous la saluons, diamant céleste scintillant de tous ses feux avant le lever du Soleil. Puis nous rentrons, furtivement. Ce matin-là, je dormirai tard. La nuit dernière, j'avais rendez-vous avec une étoile.

Aurais-je pu deviner que j'entrais ainsi en communion à travers les siècles avec des générations de femmes et d'hommes de la Grèce antique, dont les sens libérés chaque année par le « lever héliaque » de l'étoile Sirius se mêlaient dans la jouissance des aromates et de la canicule ?

Zodiaque

Une conséquence du mouvement de la Terre dans l'espace, c'est que la direction apparente du Soleil par rapport aux étoiles change au cours de l'année. Lorsqu'un groupe d'étoiles se trouve dans la même direction que le Soleil, on ne les voit plus, car il fait jour lorsqu'elles se trouvent au-dessus de nos têtes. Les constellations qui disparaissent ainsi derrière le Soleil au cours de l'année forment le zodiaque. Mais attention : le zodiaque réel n'est pas celui des horoscopes ! Les périodes données dans les horoscopes correspondent au zodiaque d'il y a quatre mille ans. C'est ainsi que, pendant la période dite des *Poissons*, le Soleil se trouve en réalité dans la direction de la constellation du Verseau, et que lorsqu'il se trouve réellement vers la constellation des Poissons, les horoscopes affichent *Bélier*.

Les planètes du système solaire se déplacent aussi dans le plan du zodiaque. Le bel alignement des planètes, lorsque plusieurs d'entre elles se trouvent proches les unes des autres dans le ciel, le matérialise pour nous. Il est presque vertical lorsque nous nous approchons de l'équateur, et devient presque horizontal lorsque nous nous approchons du pôle. Il en va de même pour la trajectoire du Soleil dans le ciel au cours de la journée. C'est pourquoi la nuit tombe si vite dans les régions équatoriales : il n'y a pas de crépuscule car le Soleil descend verticalement à l'horizon. Dans les régions polaires, au contraire, la trajectoire du Soleil s'approche de l'horizontale. L'été, au-delà du cercle polaire, il ne se couche même plus : c'est le « Soleil de minuit ».

Sirius, l'étoile la plus brillante de la constellation du Grand Chien, ne fait pas partie des constellations du zodiaque. Elle disparaît cependant à notre vue pendant presque deux mois, car sa direction est alors trop proche du Soleil dont la lumière intense nous éblouit. Au début du mois de juin on peut encore l'apercevoir le soir au crépuscule. Il faut ensuite attendre le mois d'août pour la voir réapparaître dans toute sa splendeur au petit matin, juste avant l'astre du jour.

Nos ancêtres, beaucoup plus proches que nous des événements célestes, vivaient intensément cette disparition annuelle de certaines étoiles, fusionnées dans la lumière solaire. Dans leur imaginaire, elles ne se levaient plus pendant toute cette période. Lorsqu'elles redevenaient visibles après leur long sommeil auprès du Soleil, c'était comme une nouvelle naissance. On appelait « lever héliaque » d'une étoile cette réapparition, souvent célébrée dans la joie par des fêtes collectives.

L'étoile Sirius, la plus brillante de la constellation du Chien, était aussi appelée en latin *Canicula* (la Petite Chienne). Sa réapparition coïncide en général avec les plus grosses chaleurs de l'été : c'est devenu la canicule. Un mythe ancien y reste attaché.

Les jardins d'Adonis

Une jeune femme, Myrrha, fille de Theias, roi d'Assyrie, est poursuivie par un père vengeur qui a juré sa mort. Qu'a fait Myrrha pour susciter une telle colère de la part de son propre père ? Un forfait bien étrange : elle a partagé sa couche à son insu ! Toute la faute en revient à la déesse Aphrodite, qui a insufflé le désir incestueux dans les veines de Myrrha parce qu'elle ne lui rendait pas suffisamment hommage. Les dieux ont pitié de la jeune femme et la soustraient à la vengeance paternelle en la métamorphosant en arbre à myrrhe. Neuf mois plus tard, l'écorce de l'arbre aromatique s'entrouvre pour donner naissance au bel Adonis.

Symbole de la beauté et de la puissance sexuelle de l'adolescence, le jeune séducteur partage son temps entre Perséphone dans les profondeurs de la Terre et Aphrodite dans la lumière céleste. Mais il est condamné à perdre sa virilité et à mourir dans la fleur de l'âge.

Le mythe d'Adonis renaît chaque année dans la Grèce antique, à l'époque du lever héliaque de l'étoile Sirius, miroir du Soleil, astre « porteur de feu ». Ce lever, c'est le signal de la chaleur étouffante, desséchante, stérilisante, mais c'est aussi la libération des odeurs exquises et sensuelles. Comme l'explique Marcel Detienne dans son livre *Les Jardins d'Adonis*[1], c'est au « lever du Chien », au temps de la canicule, que l'on se doit de recueillir l'encens et la myrrhe.

Les sens exacerbés s'éclatent dans les fêtes orgiaques des Adonies. On plante dans de petits pots de terre des céréales et des plantes potagères qui poussent en quelques jours grâce à la chaleur. Ce sont les « jardins d'Adonis ». On les expose alors sur les toits des maisons où cette même chaleur tout d'abord fertilisante les dessèche et les brûle impitoyablement. Dans une grande excitation, des femmes aux mœurs légères accompagnent cette stérilisation mythique de débordements orgiaques au milieu des senteurs aromatiques.

Plus tard dans la saison, après la canicule, tout rentrera dans l'ordre et c'est au « lever d'Arcturus », à la saison des fruits mûrs, qu'il faudra cueillir les raisins, « divin trésor », pour obtenir un vin fruité digne de Dionysos.

C'est le même ciel !

Les étoiles du ciel ont toujours représenté un trait d'union entre les hommes à travers l'espace et le temps, un élément de stabilité dans un monde de bouleversements, un élément de paix dans

1. *Les Jardins d'Adonis. La mythologie des aromates en Grèce*, Gallimard, « Bibliothèque des Histoires », 1972.

un monde de guerre et de malheurs. Le souhait ardent des hommes de se retrouver au ciel après leur mort n'a rien d'étonnant dans ce contexte.

Essayons un instant d'imaginer la vie de ces marins aventuriers, ces hommes qui donnaient leur vie en suivant de grands explorateurs comme Christophe Colomb, et qui pendant des jours et des nuits devaient se battre contre des éléments déchaînés, dans un environnement nouveau totalement inconnu. Tout, autour d'eux, apparaissait étranger et à priori hostile… sauf le ciel. Tous les soirs, les marins retrouvaient les mêmes étoiles audessus de leurs têtes, fidèles et familières, et réconfortantes. C'était leur seule pierre d'ancrage quand tout s'effritait autour d'eux, c'était leur seul lien avec le monde dont ils venaient, avec leurs racines.

Maintenant les astrophysiciens observent le ciel avec leurs instruments sophistiqués : de très grands télescopes, et des détecteurs puissants qui permettent de repérer et d'étudier des étoiles et des galaxies invisibles à l'œil. C'est de ces observations qu'ils déduisent les grandes structures de l'Univers, et qu'ils arrivent à comprendre l'évolution du monde.

Lorsqu'on entend parler de l'Univers, à ces échelles fantastiquement grandes qui nous dépassent de loin, on se sent souvent transporté dans un domaine mythique, au-delà de l'entendement. Et pourtant, même si les astronomes professionnels ne mettent plus « l'œil au télescope », c'est le même ciel qu'ils observent ! Ils ne font que perfectionner le regard que la nature nous a donné, pour réussir à percer les plus lointains secrets du monde.

« Lever les yeux vers les étoiles »

Vous êtes-vous déjà allongé sur le dos, une nuit sans lune, loin de toute ville, en montagne ou dans le désert, en vous laissant pénétrer par la grandeur des espaces infinis ? C'est sans doute ce que faisait le poète anglais Walt Whitman, en songeant aux astrophysiciens professionnels, pour qui les étoiles et les galaxies sont devenues des objets d'étude scientifique. Le poète acceptait difficilement ce qu'il ressentait comme une intrusion de l'intelligence humaine dans la beauté du monde. C'est alors qu'il écrivit ce fameux poème, intitulé *The Learn'd Astronomer* :

When I heard the learn'd astronomer,
When the proofs, the figures, were ranged in columns
before me,
When I was shown the charts and diagrams, to add, divide,
and measure them,
When I sitting heard the astronomer where he lectured
with much applause in the lecture-room,
How soon unaccountable I became tired and sick,
Till rising and gliding out I wonder'd off by myself
In the mystical moist night-air, and from time to time
Look'd in perfect silence at the stars[1].

L'étude scientifique du monde est-elle incompatible avec l'émotion jaillissant de la vision d'un paysage sublime ? Bien au contraire, répondait Camille Flammarion quand il expliquait l'émerveillement de découvrir une étoile double : là où on ne voyait qu'une étoile à l'œil nu, l'instrument en découvrait deux ! « Toute la poésie et toutes les fables de l'antique mythologie s'évanouissent devant la vision nouvelle et, comme la goutte de rosée qui réfléchit l'Univers, ce petit point perdu

1. Lorsque j'entendis le savant astronome / Lorsque les preuves et les figures furent rangées en colonnes devant moi / Lorsqu'on me présenta les cartes et les diagrammes pour les additionner, les diviser et les mesurer / Lorsque, assis, j'écoutai l'astronome discourir sous les applaudissements dans la salle de cours / Bien que je me sentis inexplicablement fatigué et malade / Jusqu'à ce que je me lève et me glisse dehors, et m'émerveille par moi-même / Dans l'air moite et mystique de la nuit, et que, de temps en temps / Je regarde en parfait silence vers les étoiles.

dans l'immensité des cieux semble résumer en lui l'enseignement de l'infini. »

Je suis personnellement de l'avis de Camille Flammarion, plus que de Walt Whitman, même s'il est vrai que l'étude scientifique de l'Univers est laborieuse, et que l'on a souvent envie d'oublier tout cela pour se reposer en silence. Mais quelle joie lorsqu'on persévère ! Les découvertes scientifiques ouvrent des milliers de chemins jusque-là inconnus où peut s'engouffrer l'émotion poétique. Pour ma part, lorsque je regarde la Voie lactée par une belle nuit claire, je m'extasie beaucoup plus en ressentant profondément la présence là-bas de milliards d'étoiles comme notre Soleil, qu'en l'interprétant comme un simple chemin laiteux. Mon imagination s'emballe et se perd dans l'émotion du face-à-face avec ces mondes inconnus...

La Terre dans l'espace

La Terre tourne sur elle-même en une journée ; elle tourne autour du Soleil en une année. Beaucoup de gens le savent, mais ils imaginent encore le Soleil fixe dans l'espace. Ils pensent, comme au temps de Kepler, que la Terre décrit en un an une ellipse fermée dont le Soleil est l'un des foyers. En réalité, lorsque la Terre a décrit une révolution complète autour du Soleil, celui-ci s'est déplacé de 7 500 millions de kilomètres autour du centre de notre galaxie ! Comme toutes les étoiles, la nôtre est lancée à grande vitesse dans l'espace. Le mouvement de la Terre ne ressemble pas à une ellipse, mais plutôt à une gigantesque spirale. Son déplacement dans le sens de la spirale est presque dix fois plus rapide que sa rotation autour du Soleil ! L'environnement terrestre change en permanence : la Terre ne repasse jamais au même endroit.

Notre galaxie elle-même n'est pas fixe dans l'Univers. Comme toutes les galaxies, elle a un mouvement dans l'espace, et nous savons maintenant mesurer ce mouvement par rapport au repère universel que constitue le « rayonnement primordial », issu du Big-Bang : nous y reviendrons !

Notre vie sur Terre est extrêmement courte, comparée aux échelles de temps de l'Univers. Il faut plusieurs milliers d'années au Soleil pour changer de place d'une manière importante par rapport aux autres étoiles. Nous ne sommes pas sensibles à ce mouvement au cours de notre vie. Nous ne sommes sensibles qu'aux variations saisonnières, celles qui évoluent à l'échelle d'une année. C'est pourquoi nous pouvons tout de même nous représenter le mouvement de la Terre dans l'espace, à notre échelle, en négligeant provisoirement le déplacement du Soleil.

Aux quatre coins du monde

Lorsque nous voguons vers l'ouest, nous suivons le Soleil dans son mouvement apparent : il semble se coucher de plus en plus tard. C'est le décalage horaire, bien connu des voyageurs. Le Soleil se couche sur la côte ouest des Etats-Unis environ six heures plus tard qu'en Europe. Il en va de même pour les étoiles : nous les suivons elles aussi dans leur mouvement céleste. Comme le Soleil, elles se lèvent et se couchent à New York six heures plus tard qu'à Paris. Puisque nous décalons nos montres en fonction du Soleil, nous avons l'impression de voir toujours les mêmes étoiles à la même heure dans le ciel, alors que tout le reste change autour de nous.

Si nous voyageons vers le nord ou le sud, le ciel change, car nous ne regardons plus dans la même direction de l'espace. En suivant un méridien terrestre vers le sud, depuis l'Europe, nous voyons petit à petit le ciel basculer : des étoiles disparaissent au nord, d'autres apparaissent au sud.

Un endroit merveilleux pour observer le ciel, loin des lumières de la civilisation, c'est l'Assekrem, cette montagne au nord de Tamanrasset où le père de Foucauld avait établi son ermitage. Où se trouve donc la Grande Ourse, notre constellation favorite ? Nous la découvrons finalement à l'horizon, dans la direction du nord, et elle est « à l'envers », la « casserole » tournée vers le bas, comme si elle voulait renverser son contenu. C'est que nous sommes à présent près de l'équateur, et que le pôle Nord se trouve à l'horizon. Lorsque la Grande Ourse est « à l'endroit », nous ne la voyons plus car elle est au-dessous de l'horizon. Mais, dans la direction opposée, quelle émotion à l'apparition de la Croix du Sud, ces quatre étoiles formant un losange presque parfait, symbole des constellations australes !

Jour solaire, jour sidéral

En réalité, notre ciel change légèrement d'une nuit à l'autre, même lorsque nous restons chez nous. Les étoiles apparaissent avec quatre minutes d'avance environ chaque soir. En effet lorsque, après une journée, la Terre a fait un tour complet sur elle-même, sa position dans l'espace a changé. Il lui faut faire un tout petit peu plus qu'un tour pour se retrouver dans la même position par rapport au Soleil. Ce temps nécessaire à la Terre pour faire un tour complet, c'est le « jour sidéral ». Le temps nécessaire pour se retrouver dans la même position par rapport au Soleil, c'est le « jour solaire ». La différence entre les deux est d'environ quatre minutes.

Le ciel d'été est bien différent du ciel d'hiver. On n'y voit pas les mêmes étoiles à la même heure. La constellation d'Orion, visible le soir en hiver, se lève au petit matin en été. Cette différence est due au décalage entre le temps sidéral et le temps solaire. C'est aussi la raison de la disparition de chaque constellation du zodiaque derrière le Soleil une fois par an. Après une

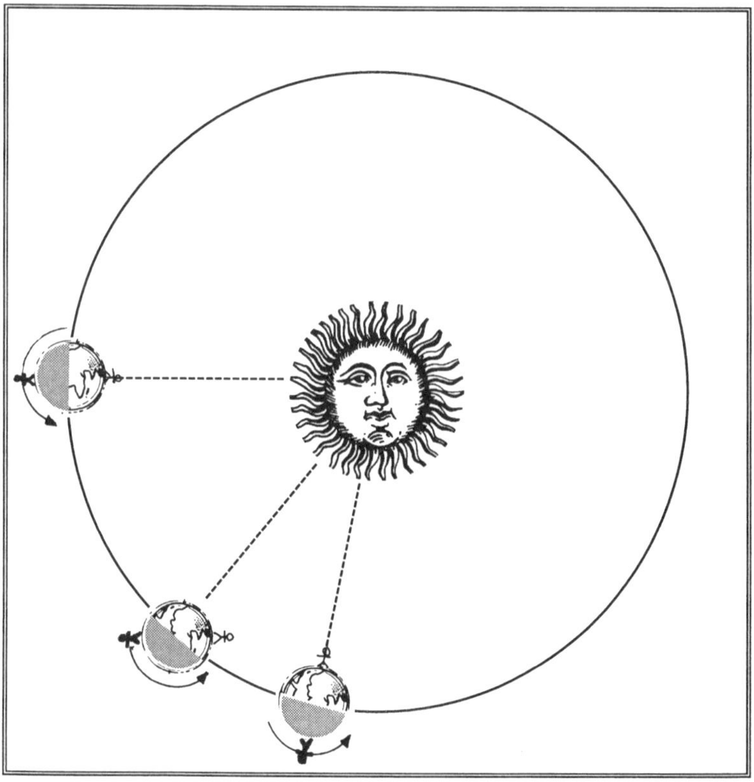

2.1. Jour solaire, jour sidéral.

Lorsque la Terre se trouve dans la première position à gauche, il est minuit pour le bonhomme noir et midi pour le bonhomme blanc. Lorsqu'elle a fait un tour complet sur elle-même, les deux bonshommes se retrouvent dans la même position par rapport à l'ensemble du ciel (les étoiles), mais pas par rapport au Soleil parce que la Terre a bougé sur son orbite. Le bonhomme noir regarde les mêmes étoiles au-dessus de sa tête, mais il n'est pas encore minuit. Pour arriver à minuit, il faut que la Terre tourne encore un peu, pendant quatre minutes. Le temps d'une rotation réelle de la Terre, c'est le jour sidéral. Le temps qui s'écoule de minuit à minuit, c'est le jour solaire.

année complète, les étoiles se retrouvent au même endroit à la même heure : la différence entre l'année sidérale et l'année solaire est de 365 fois quatre minutes, c'est-à-dire exactement 24 heures.

Calendriers

Depuis toujours, notre temps est réglé par les phénomènes astronomiques observés. Les dates, mesure du temps, ont pris une importance considérable dans nos vies et dans nos sociétés. Nous en avons tellement l'habitude que nous n'imaginons pas, en général, la part d'arbitraire qui se cache dans le déroulement du temps qui règle nos fêtes, nos anniversaires, tous nos rendez-vous avec le passé et l'avenir.

Le jour est la durée d'une rotation céleste, ou plus exactement de la rotation de la Terre sur elle-même. Le mois correspond approximativement à la révolution de la Lune autour de la Terre. L'année, à celle de la Terre autour du Soleil. Quant à la semaine, c'est un ensemble de 7 jours correspondant aux 7 astres principaux connus dans l'Antiquité. Dans l'ordre : la Lune, Mars, Mercure, Jupiter, Vénus, Saturne, et enfin, pour le dimanche, le Soleil (les six premiers jours ont gardé dans leur nom latin la mémoire de leur origine astronomique, alors que le septième l'a gardée dans les langues anglo-saxonnes).

Une année comprend 365, 2422 jours solaires. Un mois lunaire varie environ entre 29 jours 6 heures et 29 jours 20 heures. Une année, c'est donc douze mois lunaires plus quelques jours, heures, minutes, secondes. Comment construire un calendrier utilisable avec des chiffres aussi bizarres et qui, de plus, ne sont pas constants ?

Il y a bien longtemps, dans le monde pré-hellénique, l'année comprenait treize mois de 28 jours. Des jours supplémentaires étaient ajoutés de temps en temps pour éviter qu'elle ne se décale par rapport aux saisons. Puis les mois furent allongés et le treizième mois supprimé (d'où, peut-être, la superstition restée autour du nombre 13). Au temps des Romains régnait le « calendrier julien », dans lequel l'année comprenait douze mois de 30 ou 31 jours, un peu plus longs que les mois lunaires. On obtenait ainsi une année de 365 jours. Pour tenir compte des fractions de jour supplémentaires, on ajoutait une journée tous les quatre ans, le sixième jour après les « calendes de mars ». Il y avait donc ces années-là deux sixièmes jours (bi-sexto) : ce furent les années « bissextiles ». L'année officielle comprenait donc en moyenne 365, 25 jours au lieu de 365, 2422. Elle était un peu trop longue par rapport à la rotation de la Terre. Il s'est ainsi produit, petit à petit, une dérive du calendrier par rapport aux saisons.

Le pape Grégoire XIII, au XVIe siècle, s'en est ému, et a institué le « calendrier grégorien », qui est encore le nôtre. Il a d'abord fallu annuler la dérive du calendrier julien. C'est ainsi que, en l'an 1582 – compté en principe à partir de l'année de naissance du Christ –, le lendemain du 4 octobre s'est appelé 15 octobre. Inutile de se demander ce qui s'est passé entre le 4 et le 15 octobre 1582 : c'est le néant ! Ces jours n'ont tout simplement pas existé !

Ensuite, il a fallu éviter qu'une telle dérive ne se reproduise. Grégoire XIII a donc réinstitué les années bissextiles pour toutes celles dont les numéros étaient divisibles par quatre, sauf les siècles. On obtenait ainsi une année de 365, 24 jours. Mais il restait les deux chiffres suivants. Alors il a été décidé de préserver les années bissextiles pour les siècles multiples de 400. Et c'est ainsi que nous vivons encore de nos jours ! L'an 2000, par exemple, sera bissextile alors que l'an 1900 ne l'était pas.

Le temps dérive toujours un peu, d'une manière imperceptible pour la vie courante, mais sensible aux astronomes qui doivent introduire cette donnée dans leurs calculs : les astres restent d'une ponctualité astronomique, quelle que soit notre propre manière de mesurer le temps ! Quant aux orthodoxes, ils ont gardé l'ancien calendrier pour leurs fêtes religieuses, qui restent décalées par rapport au calendrier grégorien.

La Lune et le Soleil

Les hommes ont donc adopté par convention, sur toute la Terre, un calendrier solaire, réglé sur les saisons. Mais cela se fait au détriment de la Lune, car notre année n'est pas un multiple des mois lunaires. C'est la raison pour laquelle on observe une dérive des phases de la Lune par rapport aux mois.

La Lune apparaît tous les soirs avec presque une heure de retard, en raison de sa rotation autour de la Terre. En un mois lunaire, elle se décale précisément d'une journée et se lève à nouveau à la même heure. Entre-temps, elle est passée par toutes ses phases : comme elle est éclairée par le Soleil, sa partie visible est tournée vers l'ouest quand on la voit le soir (vers le Soleil couchant) et vers l'est quand on la voit le matin (vers le Soleil levant). Quand la Lune est pleine, c'est qu'elle se trouve à l'opposé du Soleil : elle se lève au moment même où le Soleil se couche. Elle apparaît souvent alors comme un énorme disque roux, jouant de sa lumière entre les branches des arbres.

Les musulmans ont choisi de se fixer sur la Lune pour leurs fêtes religieuses. L'année musulmane comprend 12 mois de 29 ou 30 jours, pour retrouver la Lune dans le même « état » au début de chaque mois. Mais ainsi le début de l'année varie par rapport aux saisons. C'est pourquoi la date du ramadan est différente chaque année. Il se passe trente-quatre ans entre deux coïncidences de ce calendrier lunaire avec notre calendrier solaire.

Il n'est pas étonnant que le mois lunaire ne soit pas une fraction exacte de l'année solaire. La Terre est une planète du système solaire, la Lune un satellite de la Terre : les mouvements sont indépendants. S'il y avait eu une relation entre eux, cela aurait semblé une coïncidence extraordinaire. Mais il se trouve justement qu'il existe une autre coïncidence extraordinaire entre la Lune et le Soleil. C'est que, vus depuis la Terre, ils ont la

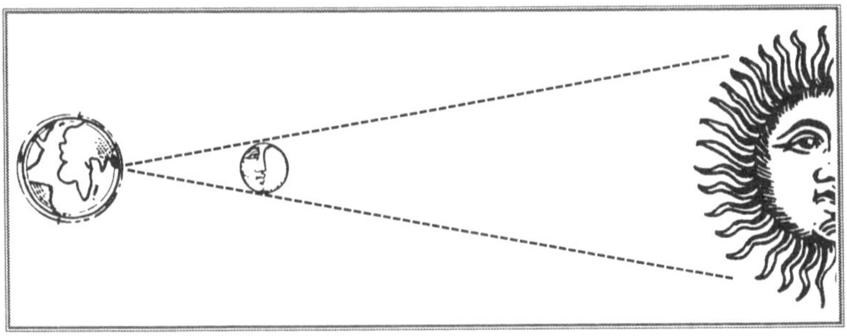

2.2. Eclipse totale de Soleil.

La Lune est 400 fois plus petite que le Soleil, et aussi 400 fois plus proche. C'est impossible à représenter sur ce dessin. Ici l'image du Soleil est seulement quatre fois plus grande et plus loin que celle de la Lune ! Imaginez la Lune comme une tête d'épingle et le Soleil comme un ballon de football. Disposez-les précisément pour que la tête d'épingle cache exactement le ballon de foot. Elle doit le cacher intégralement sans toutefois déborder. Vous aurez alors une bonne représentation de l'ensemble Lune-Soleil par rapport à la Terre. Les éclipses totales de Soleil se produisent souvent (environ une fois par an) mais elles ne sont visibles que d'une petite région du globe terrestre, qui change à chaque fois.

même dimension ! Et pourtant, la Lune est 400 fois plus petite que le Soleil... mais elle est aussi 400 fois plus près. La probabilité qu'une telle coïncidence se produise est quasiment nulle... et pourtant elle est là ! C'est elle qui permet les spectaculaires éclipses totales de Soleil, au cours desquelles la couronne solaire se dévoile, et le jour s'assombrit pendant quelques minutes au point de laisser apparaître les étoiles.

Le temps et les marées

Le jour et l'année astronomique ne sont pas immuables. Une étude des plus vieux coraux montre que, il y a environ 400 millions d'années, chaque année comptait 397 jours d'une durée de 22 heures ! Nous savons maintenant que le mouvement des planètes autour du Soleil n'est pas stable à long terme, en raison de la complexité des interactions gravitationnelles entre tous ces corps différents qui évoluent les uns par rapport aux autres. Il semble que la Lune joue un grand rôle pour la stabilisation de la Terre. Mais elle est source d'un autre phénomène : les marées, dont les conséquences sont très importantes.

Nous connaissons, bien sûr, les marées océaniques : la mer monte et descend deux fois par jour, à cause de l'attirance lunaire et, à moindre effet, solaire. L'influence de la Lune déforme le globe terrestre un peu comme un ballon de rugby : il se forme un bourrelet dans la direction de la Lune, mais aussi du côté opposé.

A cause de la rotation de la Terre sur elle-même, un site qui se trouve à un moment donné dans la direction de la Lune se trouvera environ douze heures plus tard dans la direction opposée, d'où les deux marées. En fait l'heure précise des marées change chaque jour, à cause de la rotation de la Lune, et leur intensité varie suivant la position relative de la Lune et du Soleil.

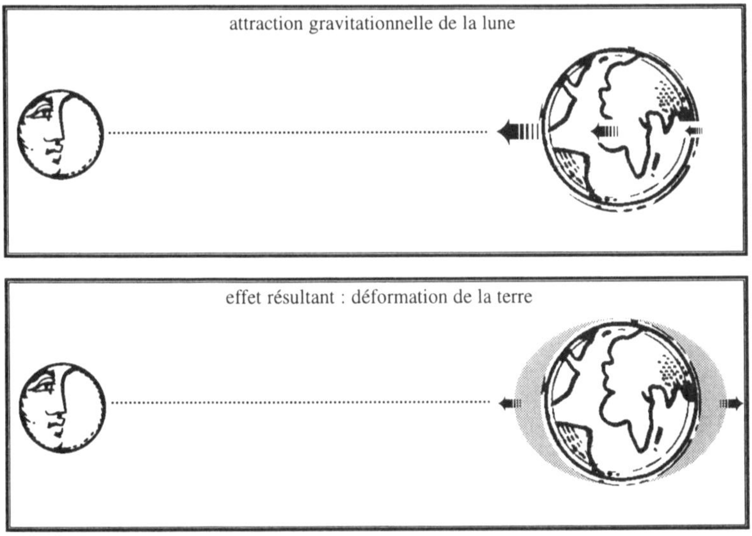

2.3. Le phénomène des marées.

La Lune exerce une attraction gravitationnelle sur toute la Terre, plus importante pour les régions du globe orientées dans sa direction que pour les régions situées aux antipodes. Le centre de gravité de la Terre subit une attraction moyenne. L'effet résultant conduit à une déformation suivant deux bourrelets : l'un dirigé vers la Lune et l'autre dans la direction opposée, à cause de la différence d'attraction gravitationnelle entre la surface et le centre de la Terre.
L'effet est spectaculaire pour les océans, mais il existe aussi pour l'air et la terre solide. Il est plus complexe que cette simple description en raison d'une part de l'influence solaire, d'autre part de la structure des sols, des côtes et des courants marins.

Si la Lune et le Soleil sont dans la même direction, ou dans une direction exactement opposée, la marée est plus forte. S'ils se trouvent dans des directions perpendiculaires, elle est plus faible. Les marées observées sur les plages océaniques dépendent aussi beaucoup de la forme des côtes et des courants marins : il s'agit d'un phénomène particulièrement complexe.

L'air et la terre subissent aussi les effets de marée dus à la Lune et au Soleil. Dans l'air, cela se traduit par des mouvements particuliers : les marées atmosphériques. La terre solide, en revanche, résiste beaucoup plus que les liquides aux distorsions : les liaisons intermoléculaires absorbent en grande partie les différences d'énergie. On trouve cependant, en particulier dans le désert d'Arizona, des fractures de roches attribuées aux forces de marée.

La Lune tourne autour de la Terre beaucoup plus lentement que la Terre sur elle-même. Pour cette raison, l'attraction lunaire ralentit la rotation de la Terre, actuellement de 1,6 seconde pour mille ans. Il en résulte une perte d'énergie, qui est « récupérée » par la Lune : elle s'éloigne ainsi de la Terre de 3,3 centimètres par an. C'est un peu comme un danseur qui tourne sur lui-même : lorsqu'il serre ses bras contre son corps, il tourne beaucoup plus vite, et lorsqu'il les étend, il ralentit sa rotation.

L'éloignement de la Lune est maintenant précisément mesuré à l'aide d'un rayon laser émis depuis la Terre et réfléchi vers son point de départ grâce à un miroir spécial, déposé sur place par les astronautes d'une mission Apollo. Le ralentissement de la rotation terrestre conduit à une variation séculaire de la durée du jour, qui correspond bien aux observations des coraux : c'est ainsi que la mesure de l'écoulement du temps varie au cours des siècles !

La seconde

Les physiciens, qui étudient des phénomènes d'une durée extrêmement précise, se sont émus du fait que la longueur du jour pouvait varier au cours du temps, non seulement de manière séculaire comme nous venons de le voir, mais aussi avec des fluctuations plus courtes, dues aux oscillations de l'axe de la Terre au cours de sa rotation annuelle. En 1967, il a été décidé de donner à la seconde une définition plus « stable » que celle d'un soixantième de minute, elle-même soixantième d'heure, elle-même vingt-quatrième de jour. La seconde, repérée par rapport aux oscillations d'un cristal atomique, est officiellement devenue : « 9 192 631 770 périodes de transition entre les niveaux hyperfins de l'état fondamental du césium 133 » !

Pour préserver la correspondance de cette seconde officielle avec les phénomènes astronomiques qui continuent à régler les jours de nos vies, il arrive, de temps en temps, qu'une minute précise soit officiellement dotée de 61 secondes au lieu de 60. Mais nous ne nous en rendons évidemment pas compte... La mesure du temps est une affaire tellement compliquée qu'elle nécessite une surveillance permanente : c'est la mission du service des temps et fréquences abrité par l'observatoire de Paris, siège de l'horloge parlante.

Si tous les gars du monde...

Par-delà l'espace et le temps, tous les hommes et les femmes de la Terre contemplent le même ciel. Une version moderne et symbolique de ce lien planétaire se retrouve dans les chaînes d'astronomes qui se relaient tout autour de la Terre, pour mieux comprendre, ensemble, le monde auquel nous appartenons.

Les astronomes ont découvert depuis peu que de nombreuses étoiles vibrent comme des instruments de musique : ce sont les pulsations stellaires. Notre Soleil lui-même vibre sans discontinuer, avec des battements de l'ordre de cinq minutes. Nous ne nous en rendons pas compte car ces vibrations sont faibles, mais il est possible de les mesurer avec des instruments adaptés.

L'étude des pulsations stellaires est extrêmement riche. Il s'agit en effet de la signature superficielle d'ondes sonores qui se propagent à l'intérieur des étoiles. Leur étude permet ainsi de sonder les régions invisibles des étoiles, comme les tremblements de terre permettent de sonder l'intérieur de notre globe. Nous connaissons maintenant l'intérieur du Soleil avec une très grande précision, ce qui est très important pour nous car la structure du Soleil et ses humeurs peuvent être critiques pour la vie sur la Terre.

Or pour pouvoir mesurer précisément les fréquences de vibration du Soleil et des étoiles, il est nécessaire de les observer pendant une longue période d'affilée, sans coupures. Il y a trois solutions pour cela : envoyer des satellites d'observation, installer des observatoires dans les régions polaires, ou créer des chaînes d'astronomes tout autour de la Terre.

Ces trois idées sont exploitées. Mais la plus émouvante est sans doute celle des chaînes d'astronomes. Ainsi se sont constitués des réseaux internationaux de télescopes : ils portent les noms de *Iris*, *Gong*, *Bison* pour le Soleil, ou encore *Wet* ou *Musicos* pour les étoiles.

C'est ainsi par exemple que, au cours d'une campagne d'observation, un télescope français sera pointé sur une étoile au cours de la nuit. Avant le petit jour, la même étoile commencera à être observée par un autre télescope situé plus à l'ouest, par exemple aux îles Canaries, puis au Texas, et enfin dans l'île d'Hawaii. Plus tard le relais pourra être pris par la Chine, suivie d'un observatoire situé en Ukraine, parfois dans des conditions très difficiles. Il reviendra finalement en France pour le cycle d'observation suivant.

Les observations sont précisément coordonnées, et tous ces astronomes dispersés sur la planète entière entrent alors en communication étroite les uns avec les autres. Les données, obtenues sur des durées de plusieurs fois vingt-quatre heures, sont ensuite mises en commun et étudiées ensemble. C'est ainsi que des hommes et des femmes de tous pays conjuguent leurs efforts dans un même but, bien au-delà des frontières : l'évolution de la connaissance !

Loin d'être un élément de discorde, l'étude scientifique du monde représente un élément d'entente fondamental entre les hommes, par-delà les dissensions politiques. L'acquisition de connaissances nouvelles est plus qu'un besoin pour l'homme : c'est une nécessité. Toute la noblesse de l'espèce humaine y est liée. Il arrive souvent, il est vrai, que les résultats scientifiques soient utilisés à mauvais escient, dans un but de pouvoir. C'est que l'homme n'a pas encore suffisamment conscience de ses responsabilités. La bonne démarche n'est pas d'empêcher ou de freiner l'évolution des connaissances, ce qui serait de toutes manières impossible. Il est important au contraire d'y associer le plus grand nombre, pour que chacun puisse y réfléchir et y trouver sa part.

3

Le point de vue du photon

> *« Cette ouverture sur l'infini que nous occulte la lumière solaire... »*
>
> Gérard Murail

Sous un ciel plombé, la nature se prépare à l'orage. Je me sens solidaire de cette connivence tendue de tous les êtres vivants. C'est l'attente. Les rapaces volent bas, les insectes s'affolent. Je tourne ma table de travail sous la fenêtre grande ouverte pour mieux sentir ma présence à la grande aventure du monde qui m'entoure. Un papillon blanc tacheté de noir vient frôler l'ordinateur sur lequel je m'applique. Je tourne mes paumes vers l'extérieur, les cinq doigts écartés vers le ciel pour recueillir cette énergie intense.

La cinquième symphonie de Gustav Mahler, dont les accords vibrants emplissent toute la pièce, entre en résonance avec les pulsations du monde. Du lointain me parvient le son d'une cloche qui me paraît transporté par le vent... Je souris en moi-même, sachant qu'il s'agit d'un bel exemple de mirage acoustique : si j'entends mieux la cloche, ce n'est pas parce que le vent transporte le son ; c'est à cause du changement dans les conditions atmosphériques, qui fait que les ondes sonores se propagent en ligne courbe au lieu d'aller droit devant elles. C'est comme les mirages optiques dans le désert, qui donnent l'impression de voir une oasis très proche alors qu'elle est en réalité beaucoup plus loin : les variations dans la température et la densité de l'air ambiant courbent les rayons lumineux. Avec la cloche, il se produit un phénomène similaire, pour les ondes sonores, en raison des variations de la pression atmosphérique.

L'arc-en-ciel

L'orage est passé. Le Soleil apparaît timidement. Un superbe arc-en-ciel se dévoile à mes yeux. J'arrive même à distinguer, beaucoup plus faible, sa doublure inversée. Lorsque les Grecs anciens admiraient ainsi le déroulement de l'écharpe colorée d'Isis, ils étaient certainement loin d'imaginer qu'elle détenait la clef qui permettrait plus tard de déchiffrer l'évolution de l'Univers !

L'arc-en-ciel, c'est la lumière du Soleil qui se réfléchit dans les gouttes d'eau de l'air ambiant, les nuages et le brouillard. Un rayon lumineux qui pénètre à l'intérieur d'une goutte d'eau en ressort dans une direction légèrement différente suivant sa couleur. En fait les rayons lumineux peuvent se réfléchir plusieurs fois avant de ressortir. L'arc-en-ciel principal, le plus visible, résulte de la première réflexion. La deuxième réflexion conduit à un deuxième arc-en-ciel, beaucoup plus faible, dont les couleurs sont inversées par rapport au premier. On n'en voit jamais d'autres, car les réflexions suivantes ne conduisent pas à des effets visibles depuis le sol.

La lumière peut être décomposée artificiellement, avec un prisme de verre ou un réseau optique (surface réfléchissante ou transparente sur laquelle sont gravés des traits équidistants). On obtient ainsi un « spectre lumineux ». L'arc-en-ciel est le spectre visible du Soleil. Mais en réalité le spectre du Soleil ne se limite pas à la palette du peintre, du rouge au violet. L'arc-en-ciel n'est qu'une infime partie d'un immense éventail de rayonnements dont l'essentiel est invisible pour les yeux !

La lumière invisible

La région du Lot, dans le sud-ouest de la France, a un sous-sol truffé de gouffres, cavernes, grottes majestueuses. Nous nous trouvons un jour dans l'un de ces impressionnants domaines souterrains, aux environs de Rocamadour. Le guide nous entraîne de plus en plus profondément dans les entrailles de la Terre, le long de sentiers aménagés pour les visites, en nous faisant admirer au passage stalagtites et stalagmites. Nous débouchons tout à coup dans une salle totalement noire. Nous marchons précautionneusement, sans lâcher la corde qui nous permet d'avancer dans la bonne direction. Le guide nous arrête. Nous retenons notre souffle… une lueur apparaît d'abord, faiblement violacée. Et c'est l'enchantement. L'immensité du lieu se révèle à nous tout à coup comme une féerique forêt pétrifiée, émergeant du néant dans un embrasement de couleur violette. Le guide a branché la « lumière noire ». Il s'agit d'un rayonnement ultraviolet, invisible à nos yeux, mais capable d'exciter les atomes de la roche qui émettent à leur tour une lumière violette.

Il existe bien d'autres types de lumière noire. L'ensemble de tous les rayonnements possibles, qui s'étendent bien au-delà de l'infrarouge ou de l'ultraviolet, forme le « spectre électromagnétique ». Nous allons le décrire en détail.

Les ondes lumineuses

Les enfants observent aisément que la lumière se propage en ligne droite. Ce sont les « rayons lumineux », ceux qu'ils dessinent spontanément. Ce n'est pas un hasard si les premiers dessins des tout-petits représentent des soleils rayonnant dans toutes les directions, figures éclatées simulant leur apparition au sein du monde où ils émergent, et leur ouverture vers la vie.

Il est beaucoup moins évident de découvrir que la lumière se comporte comme une onde, ou un ensemble d'ondes. Je me souviens de mon émerveillement d'enfant découvrant les jeux de lumière à travers les voilages de mes fenêtres, sur lesquels un ensemble de franges irisées formaient un doux moiré. Je me souviens aussi de mon étonnement devant des traces d'essence sur la chaussée, traînées sales et grasses que la lumière solaire métamorphosait en y dessinant ce que je prenais pour des morceaux d'arc-en-ciel. Ces figures colorées ne s'expliqueraient pas si tous les rayons lumineux pointaient simplement droit devant eux. Elles laissent présager que la lumière se comporte d'une manière plus complexe.

Un moyen d'obtenir de jolies franges de lumière faciles à étudier consiste à faire passer un faisceau lumineux à travers deux fentes parallèles proches l'une de l'autre (les « fentes d'Young »). On observe les franges sur un écran placé devant les fentes. Il faut cependant, pour que cela marche bien, que la lumière provienne d'une même source lumineuse, et qu'elle soit monochromatique, c'est-à-dire d'une couleur bien définie (la lumière blanche contient toutes les couleurs, dont les effets peuvent se brouiller mutuellement). Ces franges lumineuses ne peuvent s'expliquer que si la lumière se propage comme une onde dans l'espace. Lorsque deux ondes se rencontrent, il se produit des interférences.

La distance entre les lignes brillantes et sombres des franges d'interférence dépend directement de la vitesse avec laquelle l'onde se propage dans l'espace. C'est ainsi qu'Albert Michelson mesura précisément en 1878 la vitesse de la lumière, dont on connaissait une valeur approchée depuis plus de deux siècles (300 000 kilomètres par seconde).

D'autres expériences font penser que la lumière est composée de particules (appelées photons) qui mitraillent la matière et

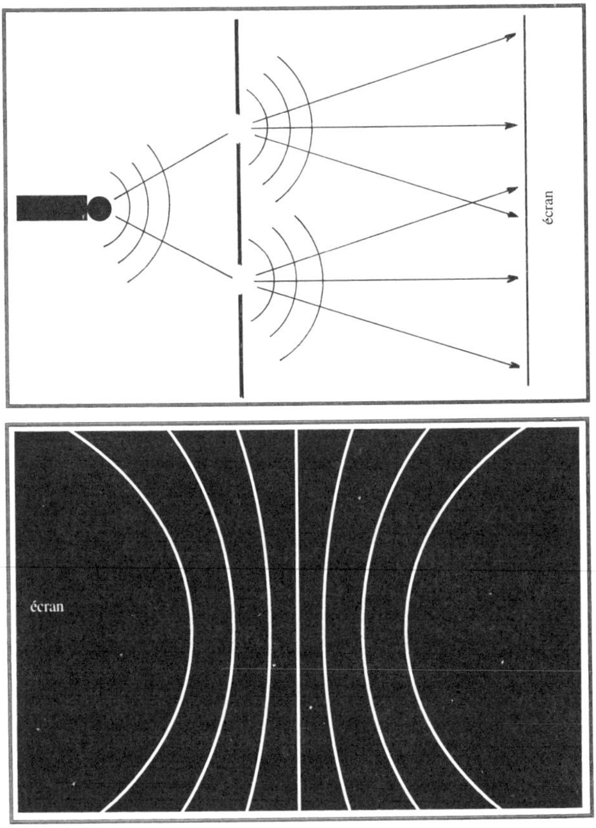

3.1. Fentes d'Young.

Deux fentes sont placées devant une source de lumière monochromatique. On observe sur l'écran des franges d'interférences *(en bas)*. Ces franges ne peuvent s'expliquer que si chaque faisceau de lumière se comporte comme une onde. Les interférences se produisent alors, de la même manière que lorsqu'on lance deux cailloux dans une calme étendue d'eau (même s'il s'agit en réalité d'ondes très différentes).

Il semble difficile à priori de concilier cette image avec celle des photons, particules de lumière. L'expérience est en contradiction avec l'idée que les photons en provenance de la source lumineuse doivent passer soit par l'une, soit par l'autre fente. Aussi étrange que cela paraisse, il faut considérer que chaque photon passe partiellement par l'une des fentes, partiellement par l'autre ! Ce qui semble difficile à comprendre dans le cadre de notre expérience quotidienne s'explique bien dans le cadre de la physique quantique.

sont même capables, sous certaines conditions, de lui arracher des électrons. Ce phénomène est utilisé, par exemple, pour transformer des images en faisceaux électroniques et pour reproduire ensuite ces images sur un écran de télévision.

Il semble difficile à priori de concilier des conceptions aussi différentes de la lumière. Mais la contradiction n'est qu'apparente. En effet, ce que nous appelons « particule » ne ressemble pas du tout à une bille microscopique, contrairement aux idées reçues. Il faut plutôt imaginer les particules comme des concentrations d'énergie, ou des accumulations d'ondes. Ainsi l'aspect contradictoire de ces deux représentations de la lumière disparaît.

Couleurs et fréquences

Dès les prémices du printemps, chaque année, le jardin se pare des couleurs les plus vives. Les rouges profonds des tulipes, les jaunes éclatants des narcisses, les bleus légers des scilles et des anémones réjouissent les cœurs, encore habitués à la grisaille de l'hiver. A quelle propriété de la lumière devons-nous ce ravissement ?

Ce qui change, entre le bleu et le rouge, c'est la fréquence du rayonnement, c'est-à-dire le nombre de vibrations de l'onde lumineuse par seconde. La fréquence d'une lumière bleue est environ deux fois plus grande que celle d'une lumière rouge. Ces fréquences sont extrêmement élevées, de l'ordre de 1 000 millions de millions de vibrations par seconde !

Les ondes lumineuses, avec leurs différentes fréquences, sont comme un langage codé que la nature nous adresse. Notre œil a la capacité extraordinaire de décrypter ce langage, et de le traduire pour notre cerveau en un autre langage beaucoup plus poétique : celui des couleurs.

Peu nous importe, dans la vie courante, de connaître la fréquence de la lumière que nous recevons. Lorsque nous admirons les couleurs d'un tableau ou d'un beau coucher de soleil, nous nous émerveillons simplement devant la beauté. Nous nous réjouissons de ce magnifique cadeau que la nature nous a donné : cette résonance intime de l'être devant la globalité d'une vision délicieuse, cette capacité de jouissance éclatée et d'émerveillement devant l'œuvre d'art.

Il existe en revanche un autre type de rayonnements dont nous mesurons couramment les fréquences. Ce sont les ondes radioélectriques, celles qui transportent les émissions de radio ou de télévision entre les antennes émettrices et les antennes réceptrices installées dans nos maisons. Elles sont de même nature que les ondes lumineuses. Ce qui les distingue les unes des autres, c'est uniquement leur fréquence. Lorsque nous essayons d'ajuster notre poste de radio pour recevoir les émissions d'une station émettrice, nous repérons la fréquence des ondes sur une échelle graduée en mégahertz, ce qui représente un million de vibrations par seconde, mille millions de fois moins que pour la lumière visible : les ondes radioélectriques vibrent beaucoup plus lentement que les ondes lumineuses. Des vibrations aussi lentes ne peuvent pas être détectées par nos yeux, elles nous sont invisibles.

Les cadrans de nos postes de radio ont aussi des échelles graduées en mètres : typiquement de 15 à 50 mètres pour les « ondes courtes », de 200 à 500 mètres pour les « petites ondes » et de 1 000 à 2 000 m pour les « grandes ondes ». Il s'agit de la longueur d'onde, c'est-à-dire de la distance parcourue par l'onde pendant une vibration. Elle est égale à la vitesse de l'onde (distance parcourue en une seconde) divisée par sa fréquence (nombre de vibrations par seconde). Les longueurs d'onde de la lumière visible s'étendent, du rouge au violet, entre 0,7 et 0,3 micromètres.

Le spectre électromagnétique

Nous pouvons à présent explorer le spectre électromagnétique dans toute son étendue, de part et d'autre des rayonnements visibles.

À des longueurs d'onde plus petites que celles de la couleur violette, se trouvent d'abord les *rayons ultraviolets mous*. Ce sont les rayons UVA, qui donnent à notre peau sa jolie teinte ambrée au soleil de l'été. Nous devons cependant prendre des précautions et nous en protéger, au moins partiellement, pour éviter les brûlures douloureuses des coups de soleil. Les *rayons ultraviolets durs*, à des longueurs d'ondes plus petites, sont très nocifs. Ils font trop rapidement vibrer les molécules à leur passage et peuvent même éventuellement les détruire. Ils sont heureusement absorbés par la couche d'ozone de la haute atmosphère.

Viennent ensuite les *rayons X*. Nous les connaissons bien : ils sont utilisés dans les radiographies médicales, pour « voir » les os à l'intérieur de notre corps. Nous savons qu'eux aussi sont nocifs : les radiologues, qui y sont soumis journellement, doivent se protéger derrière des écrans de plomb.

Finalement arrivent les rayons de plus petite longueur d'onde : les *rayons gamma*, les plus dangereux de tous (ils sont aussi utilisés parfois en médecine, à très petites doses, pour réduire des tumeurs). Heureusement tous ces rayons sont filtrés par l'atmosphère terrestre, ce qui nous permet de vivre à l'abri.

Remontons maintenant vers les grandes longueurs d'onde, à partir du rouge. Nous rencontrons d'abord le *rayonnement infrarouge*, connu en particulier pour son utilisation dans les procédés de chauffage par rayonnement, et enfin les ondes radioélectriques. Ces ondes ne sont pas nocives, d'une manière générale, car elles vibrent lentement. Il arrive cependant que ces lentes vibrations entrent en résonance avec les vibrations internes de

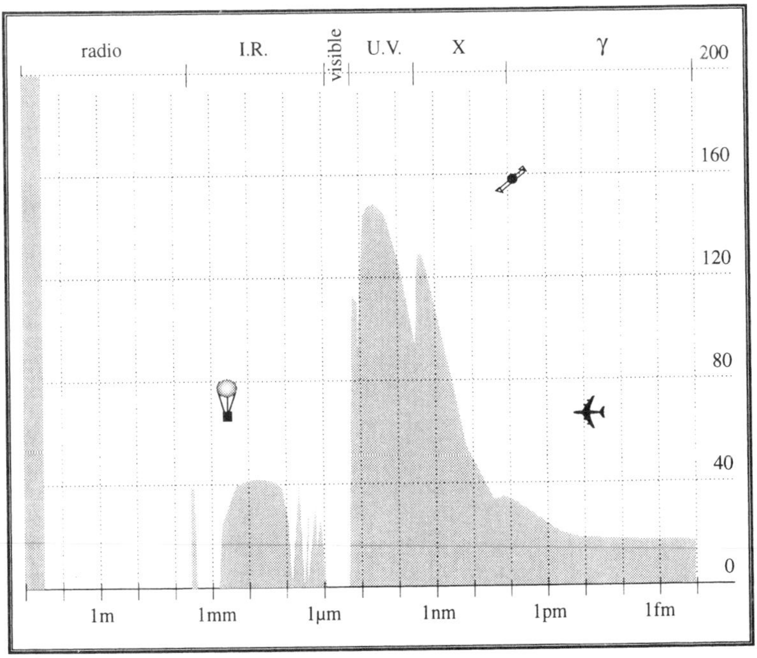

3.2. Le spectre électromagnétique.

Le graphique représente, dans la direction horizontale, l'ensemble des rayonnements électromagnétiques que nous connaissons, depuis les ondes radioélectriques jusqu'aux rayons gammas, en passant par l'infrarouge, le visible, l'ultraviolet et les rayons X. L'axe inférieur est gradué en longueurs d'ondes, exprimées en mètres (m), millimètres (mm), micromètres (μm), nanomètres (nm), picomètres (pm) et femtomètres (fm), correspondant respectivement à un, un millième, un millionième, un millième de millionième, un millionième de millionième et enfin un millième de millionième de millionième de mètre.

L'axe vertical exprime la hauteur au-dessus du sol, en kilomètres. Les courbes représentent l'altitude à laquelle il faut se placer pour pouvoir observer le ciel dans la longueur d'onde correspondante. Par exemple, pour observer le ciel en infrarouge il faut monter à plus de 50 kilomètres, soit en ballon stratosphérique, soit en satellite. Dans l'ultraviolet, il faut aller à plus de 150 kilomètres, ce qui n'est possible qu'en satellite.

On remarque l'étroitesse de la « fenêtre visible » et l'importance de la « fenêtre radio ».

certaines molécules. C'est le cas des *micro-ondes* qui, utilisées dans nos « fours à micro-ondes », excitent les molécules d'eau contenues dans la matière. L'énergie dissipée élève leur température et permet ainsi de cuire les aliments.

L'écran atmosphérique

Lorsque l'étoile Sirius apparaît au petit matin, à son lever héliaque, pendant la période de la canicule, elle scintille de tous ses feux. Il n'est pas surprenant qu'on l'ait prise parfois pour un morceau échappé du Soleil, ou encore pour un miroir solaire accentuant la chaleur de l'astre du jour en la dirigeant vers la Terre. En fait Sirius se trouve à 8,6 années-lumière de nous, c'est-à-dire environ 500 000 fois plus loin que le Soleil. Même si elle est 25 fois plus brillante, elle ne nous chauffe pas du tout.

Les étoiles scintillent à cause de la turbulence de l'air ambiant. Lorsque les rayons lumineux traversent l'atmosphère, ils subissent une agitation permanente qui les dévie de leur trajectoire normale. Si une étoile se trouve bas sur l'horizon, ses rayons lumineux doivent traverser une plus grande épaisseur d'air avant de nous parvenir. C'est alors qu'elle se métamorphose en diamant céleste, splendide lumière éclatée de mille feux colorés, comme Sirius à son lever héliaque.

En montagne, les étoiles scintillent beaucoup moins. Dans l'espace, elles ne scintillent plus du tout. Pour les astronomes qui souhaitent percer les secrets de l'espace le plus lointain et découvrir les objets célestes les plus faibles, la scintillation est un phénomène gênant, car elle brouille les images. C'est pourquoi ils envoient des télescopes dans l'espace. Ils peuvent ainsi observer la même étoile ou la même galaxie pendant très longtemps sans que sa lumière vacille. L'accumulation du signal lumineux sur les détecteurs électroniques – qui ont maintenant remplacé les anciennes plaques photographiques – permet ainsi des observations beaucoup plus fines et précises que sur Terre.

Mais l'atmosphère terrestre ne se contente pas d'agiter la lumière des étoiles. Elle joue aussi le rôle d'un filtre puissant pour les rayonnements qui nous viennent de l'espace. Les rayons ultraviolets, en particulier, sont filtrés par la couche d'ozone de la haute atmosphère. Sans cet écran bénéfique, nous ne pourrions pas exister. Bien peu des rayonnements célestes réussissent en fait à atteindre le sol terrestre. Seuls traversent les rayonnements du domaine visible et ceux du domaine radioélectrique, ainsi que de très étroits intervalles en infrarouge. Ces ouvertures vers le ciel sont appelées « fenêtres atmosphériques ».

La « fenêtre visible »

L'étroitesse de l'intervalle des rayonnements « visibles », ceux qui vont du rouge au violet (les couleurs de l'arc-en-ciel), est surprenante, comparée à l'ensemble de tous les rayonnements qui se propagent dans l'espace. Mais la surprise devient vite émerveillement : on découvre en effet qu'il existe une coïncidence presque parfaite entre les rayonnements que l'œil humain est capable de détecter et ceux que l'atmosphère terrestre laisse passer.

Arrêtons-nous un peu sur cette découverte, pour bien en mesurer toute l'ampleur. Supposons que notre œil soit capable de « voir » en infrarouge, plutôt que dans le domaine visible. C'est le cas de certaines fourmis, qui possèdent sur leur tête des capteurs infrarouges (mais elles ont droit, en plus, à deux « vrais » yeux !). Nous pourrions alors nous distinguer les uns les autres, même la nuit, car le corps humain rayonne en infrarouge. Les maisons, les champs, les arbres, la nature… rien de tout cela ne nous serait caché. C'est ainsi que les caméras infrarouges, souvent utilisées en temps de guerre, permettent de se repérer même la nuit.

Dans de telles conditions, nous pourrions vivre normalement et repérer tout ce qui nous entoure… sauf la voûte étoilée, dont nous n'aurions pas conscience, car la plupart du rayonnement infrarouge céleste est absorbé par notre atmosphère ! Nous serions ainsi condamnés à vivre repliés sur nous-mêmes, dans notre cocon, comme dans un brouillard perpétuel, sans voir le ciel… à moins que notre intelligence ne nous permette alors de construire un instrument d'optique capable d'observer à notre place dans le domaine visible !

Nos yeux sont en harmonie avec notre taille, elle-même liée à d'autres paramètres comme la gravité terrestre. Nous ne pourrions jamais observer directement les rayonnements de grande longueur d'onde avec des dimensions telles que les nôtres. Il faudrait pour cela des corps de géants avec des yeux grands comme des soucoupes ! Par ailleurs, il n'est pas question pour un être vivant de détecter directement les rayonnements de petites longueurs d'onde, dont les vibrations rapides détériorent les molécules. Nous ne devons donc pas nous étonner de posséder des yeux capables de détecter les rayons visibles, intermédiaires. Mais le fait que ces rayonnements soient justement ceux qui traversent l'atmosphère terrestre, et qu'ils correspondent, en plus, au maximum d'intensité lumineuse du Soleil et des étoiles, mérite réflexion. Nos yeux sont faits pour observer le ciel !

La « fenêtre radio »

« Les astronomes sont à l'écoute du ciel »… Une petite phrase que nous pouvons lire ou entendre fréquemment dans les médias. Elle fait naturellement croire que le ciel envoie des sons, peut-être même de la musique, que nous pouvons entendre grâce à nos « grandes oreilles » : les radiotélescopes. C'est une idée fausse ! Je me souviens de la colère d'une de mes amies le jour où je lui ai expliqué qu'aucun son ne peut nous parvenir de l'espace vide. Les ondes sonores sont très différentes des ondes lumineuses. Elles ont besoin d'un milieu matériel pour exister et se déplacer, alors que la lumière peut se propager dans le vide. Si vous m'entendez lorsque je vous parle, c'est parce que mes cordes vocales font vibrer l'air ambiant. Ces vibrations se déplacent de proche en proche et finissent par arriver sur votre tympan, souple membrane capable de détecter les infimes variations de la pression de l'air et de transmettre les informations reçues au cerveau par l'intermédiaire du nerf auditif. S'il n'y avait pas d'air entre vous et moi, j'aurais beau m'égosiller, vous n'entendriez rien du tout.

Mon amie était particulièrement triste, parce que je lui cassais une partie de ses rêves, et aussi parce qu'elle avait l'impression d'avoir été trompée. Heureusement elle s'est vite aperçue que la réalité est parfois extraordinaire lorsqu'on prend simplement le temps de la comprendre.

Examinons, sur la *figure 3.2*, une autre coïncidence, à laquelle la plupart des astronomes sont tellement habitués qu'ils n'y pensent même plus : celle de la « fenêtre radio ». Il s'agit, nous le savons, d'ondes électromagnétiques semblables à la lumière, mais avec des longueurs d'onde plus grandes. Les rayonnements qui arrivent jusque sur la Terre dans ce domaine ont des longueurs d'onde comprises entre quelques millimètres et une dizaine de mètres environ.

Et voici l'étonnante coïncidence : ces limites sont les mêmes que celles des ondes sonores que l'oreille humaine est capable de détecter sur la Terre !

Prenons le temps d'y réfléchir. Nous savons à quel point les ondes sonores et les ondes lumineuses sont différentes. Les ondes radioélectriques, comme les ondes lumineuses, se déplacent dans le vide à 300 000 kilomètres par seconde. La vitesse des ondes sonores dépend du milieu dans lequel elle se propagent. Sur Terre, à la pression atmosphérique et à une température de zéro degré Celsius, elle est de 330 mètres à la seconde.

C'est dire que, si les longueurs d'onde de la « fenêtre radio » sont les mêmes que celles des ondes sonores audibles dans les conditions de l'air ambiant, leurs fréquences sont très différentes ! Pour les ondes radioélectriques, qui se propagent à la vitesse de la lumière, les fréquences s'étagent environ de 30 millions de vibrations par seconde (pour 10 mètres) à 30 milliards de vibrations par seconde (pour 1 millimètre). Pour les ondes audibles, les fréquences correspondantes varient entre 30 et 30 000 vibrations par seconde !

L'homme n'est pas capable de détecter directement les rayonnements qui lui parviennent dans ce domaine de longueurs d'onde. Il a construit pour cela de grandes antennes paraboliques : les radiotélescopes. Les astronomes n'écoutent pas le ciel avec ces antennes, puisqu'il ne s'agit pas du tout d'ondes sonores. Ils y reçoivent les ondes radioélectriques de l'espace.

Gamme cosmique

En fait, c'est un peu comme le téléphone : lorsque vous recevez une communication, ce n'est pas la voix de votre correspondant qui vous parvient directement. La voix est d'abord transformée en ondes électromagnétiques qui sont transmises soit par câble, soit par propagation dans l'espace avec renvoi par satellite. Ensuite, dans votre récepteur, les ondes électromagnétiques reçues font vibrer une membrane qui les transforme à nouveau en ondes sonores.

Les ondes qui nous viennent de l'espace sont comme les ondes du téléphone, mais la première transformation n'a pas eu lieu. Il n'y avait pas de son au départ. Les ondes ont directement été émises sous forme électromagnétique. C'est aussi sous cette forme qu'elles sont détectées par nos radiotélescopes.

Rien ne nous empêche, dans ces conditions, de nous amuser à transformer les fréquences des rayonnements reçus par les radiotélescopes en fréquences d'ondes sonores, et plus d'un astronome musicien s'y est essayé ! Il suffit de garder la même longueur d'onde que le signal reçu du ciel, et de le transformer en onde sonore grâce à un instrument de musique adéquat.

Les ondes radioélectriques de l'espace ont souvent des longueurs d'onde précises. C'est le cas, par exemple, des ondes émises par les molécules qui se trouvent dans les nuages interstellaires. Une transformation de ces ondes particulières en ondes sonores conduit à des notes de musique qui ne correspondent en aucune façon aux notes connues de la gamme. On peut ainsi, avec un instrument électronique capable d'être accordé note par note à n'importe quelle fréquence, constituer la base d'une gamme totalement nouvelle, « gamme cosmique », source de musique « spatiale » aux accents inattendus !

Limites audibles

Lorsque nous comprenons à quel point les ondes sonores et les ondes radioélectriques sont différentes, la coïncidence des longueurs d'onde sonore audibles avec celles de la « fenêtre radio » atmosphérique nous paraît incroyable. Peut-on lui trouver une explication ? Dans l'état actuel de nos connaissances, ce serait extrêmement hardi et spéculatif. Essayons tout de même d'y réfléchir un peu plus en nous concentrant sur les limites des ondes sonores audibles et sur leur signification, pour revenir ensuite aux ondes électromagnétiques.

L'oreille est notre organe récepteur des ondes sonores, mais en réalité le corps humain tout entier vibre avec le son et participe à l'audition. C'est un phénomène bien connu des musiciens, et en particulier des chanteurs qui ont appris à sentir vibrer leur corps en des endroits différents selon la fréquence de l'onde sonore.

Une expérience simple permet de le démontrer. Un volontaire s'allonge, très détendu. L'expérimentateur place sur ses oreilles des écouteurs diffusant un son de fréquence très pure (d'origine électronique). Il commence par un son très aigu, proche des ultrasons, puis baisse progressivement la fréquence jusqu'à la disparition du son. Le « cobaye » doit décrire ses propres sensations, au fur et à mesure du déroulement de l'expérience. La réponse est claire : pour les fréquences élevées, correspondant à de très petites longueurs d'onde, de l'ordre du centimètre, la personne allongée sent des chatouillements dans le crâne. Puis la sensation de vibration descend le long du corps jusqu'à finir dans les pieds, pour des longueurs d'onde de quelques mètres. Cette propriété qu'ont les ondes sonores de faire vibrer certaines parties du corps est utilisée parfois en musicothérapie. Il est certain que la musique, et surtout le chant, a sur nous des effets inestimables.

Un être humain normalement constitué est capable d'entendre les ondes sonores de fréquences comprises entre 30 000 vibrations par seconde (pour les plus aiguës) à 30 vibrations par seconde (pour les plus graves). Cela correspond à des longueurs d'onde allant de quelques millimètres à quelques mètres. Au-delà des fréquences aiguës, ce sont les ultrasons. Ils ont des longueurs d'onde trop petites pour que notre oreille puisse les détecter, mais les chiens y arrivent très bien ! Au-dessous de 30 vibrations par seconde apparaît un phénomène étonnant : l'oreille n'entend plus de note, mais elle perçoit séparément chaque vibration.

Il est possible d'en faire l'expérience : un instrument électronique provoque un signal sonore périodique très simple, assez lent (boum-boum-boum...). On accélère : les « boum-boum » se rapprochent. On accélère encore, et encore... et tout à coup nous n'entendons plus séparément les « boum-boum »... mais une note musicale, d'abord très grave, puis de plus en plus aiguë... jusqu'à ce que finalement la note devienne inaudible en disparaissant dans les ultrasons. Il est possible de faire le chemin inverse, en diminuant la fréquence jusqu'à retrouver les « boum-boum » séparés !

Il aurait très bien pu en être autrement. Lorsque les « boum-boum » se rapprochent, ils pourraient simplement se mélanger en produisant une sorte de son continu dès que l'oreille ne peut plus les distinguer séparément. Mais ce qui se produit alors de particulier, c'est que le nombre de « boum-boum » par seconde devient de l'ordre de grandeur de la fréquence d'une note audible. Les impulsions correspondantes sont intégrées par l'oreille qui les prend pour une onde sonore, avec émergence d'un son, appelé « son résultant ».

Il ne peut pas se produire de phénomène semblable pour la lumière : si l'on observe à l'œil une succession d'impulsions lumineuses de plus en plus rapides, on finit par ne plus les distinguer les unes des autres, et l'effet lumineux paraît alors continu. Mais en aucun cas ne peut émerger de couleur nouvelle (ce qui serait l'équivalent de l'expérience sonore) car il faudrait pour cela une fréquence près d'un million de fois plus grande !

Antenne

Les limites des fréquences audibles sont donc liées à notre taille. Qu'en est-il des ondes électromagnétiques ? Nous savons que notre corps est conducteur pour l'électricité. C'est pour cette raison que nous pouvons être foudroyés en temps d'orage, ou électrocutés en cas d'installation électrique défectueuse. Ainsi que tous les conducteurs d'électricité, le corps humain se comporte comme une antenne réceptrice pour les ondes électromagnétiques. Il est facile de s'en rendre compte devant un appareil de radio qui ne comporte pas d'antenne extérieure. Le son est alors perturbé dès que quelqu'un passe dans les parages. Inversement, il suffit parfois de toucher le poste pour diminuer le bruit et obtenir un bien meilleur signal. Nous jouons alors le rôle de l'antenne.

Je me souviens de ma stupeur, au cours d'un examen médical appelé « électromyographie », lorsque tout à coup la voix de Charles Trenet s'est élevée « de nulle part », emplissant toute la pièce ! L'examen consiste d'une part en une excitation des muscles par de petites décharges électriques, pour mesurer leur réponse à une stimulation extérieure, d'autre part en une mesure directe de l'électricité produite par les muscles au cours de leur contraction volontaire. Des électrodes sont plantées à des endroits stratégiques, sous forme de longues et fines aiguilles. Dès que le médecin me plantait la deuxième électrode, la voix puissante de Charles Trenet s'élevait dans la pièce, pour se taire immédiatement dès qu'il me l'ôtait ! L'appareil du médecin comportait un ensemble électronique qui se trouvait par hasard réglé sur la fréquence d'une radio locale. Mes muscles produisaient l'effet d'une parfaite antenne de réception des ondes !

Comme toutes les antennes, les ondes auxquelles nous pouvons être sensibles sont limitées par notre taille : leur longueur d'onde doit être comprise entre une fraction pas trop faible et un multiple pas trop grand de notre dimension… comme pour les ondes sonores.

Si nous poussons ce raisonnement jusqu'au bout, cela signifie que nous sommes sensibles aux rayonnements radioélectriques, précisément dans le domaine de longueurs d'onde de la « fenêtre radio » atmosphérique ! Devons-nous y attacher beaucoup d'importance ? Probablement pas, car l'énergie des ondes radioélectriques en provenance de l'espace est très faible. Peut-être devrions-nous faire plus attention aux ondes de ce type que nous produisons de plus en plus sur Terre, mais c'est un autre débat…

Ne fermons pas les fenêtres !

Sans l'écran protecteur de l'atmosphère terrestre, la vie n'aurait jamais pu se développer sur la Terre. Si ce filtre puissant pour tous les rayonnements nocifs venus de l'espace cessait de jouer son rôle, nous disparaîtrions immanquablement. Les hommes en ont bien pris conscience. La nécessité de préserver notre couche d'ozone protectrice est présente dans tous les esprits.

Mais avons-nous suffisamment conscience de l'importance pour nous des rayonnements que l'atmosphère protectrice laisse filtrer jusqu'au sol, et de cet ajustement extraordinaire des « fenêtres atmosphériques » sans lequel nous n'aurions aucune ouverture vers le reste de l'Univers ? Nous sommes malheureusement en train de fermer nos fenêtres sur le monde.

Nous fermons la « fenêtre visible » à cause de tous les éclairages électriques qui nous empêchent de plus en plus de voir le ciel. Les lumières diffusent dans l'air atmosphérique, qui réfléchit surtout la couleur rouge, en laissant passer le bleu. C'est pourquoi le ciel est bleu dans la journée, quand la lumière du Soleil traverse l'atmosphère. C'est aussi la raison pour laquelle, la nuit, les lumières des villes donnent à l'air ambiant une teinte rougeâtre caractéristique qui nous masque les étoiles.

Nous fermons la « fenêtre radio » à cause des réseaux de communication, de la radio, de la télévision, et maintenant des téléphones portables qui fleurissent de tous côtés. Ils sont reliés par des réseaux d'ondes électromagnétiques invisibles à nos yeux mais non moins existantes, bientôt inextricables, et qui nous ferment petit à petit notre ouverture vers l'espace.

Pouvez-vous imaginer la vie de nos parents, jusqu'à la fin du siècle dernier, avant l'avènement de l'électricité ? A la veillée, le soir, ils se racontaient des histoires devant le feu... et s'ils sortaient sur le pas de leur porte, le ciel s'offrait à eux dans toute sa beauté !

L'enfant du XXe siècle a la chance de vivre au jour le jour l'ère de la conquête spatiale. Il baigne dans une ambiance de révolution scientifique et technologique. Il participe à une mutation profonde de l'humanité… Mais n'est-ce pas au détriment de sa relation profonde, personnelle et vraie avec le cosmos ? Restons les yeux ouverts sur le ciel et l'espace, et aidons nos enfants à conserver ce regard. Ils n'en seront que plus responsables pour préserver la paix et la douceur de vivre sur notre belle planète bleue.

4

La mémoire de l'Univers

> *« Tu enfanteras dans la souffrance,*
> *Tu enfanteras dans la jouissance,*
> *Eclatement cosmique, fulgurance,*
> *La porte s'ouvre, je vais éclore. »*

Confortablement installée à ma table de travail, dans ma pièce-refuge tout en haut de la maison, directement éclairée par le ciel à travers la fenêtre percée dans le toit, j'écris. Un calme ronronnement me rappelle que je ne suis pas seule : ma chatte, roulée en boule sur une chaise près de moi, veille, l'oreille aux aguets. Je lui parle doucement. Elle redresse la tête et me regarde, fixement, droit dans les yeux. Elle me sourit... Non, je n'exagère pas : les chats savent très bien sourire. Bien sûr ils ne relèvent pas le coin des lèvres, à la manière humaine, mais ils présentent un certain plissement des yeux qui a, de toute évidence, la même signification que notre sourire, et qui incite à la même connivence.

Il m'arrive souvent de croiser un inconnu dans la rue, et d'échanger avec lui un regard de sympathie, accompagné d'un fugitif sourire réciproque, avant que chacun ne soit happé par ses activités personnelles. Ce n'est rien de plus qu'une courte reconnaissance de l'Autre, transmise par le langage de la lumière, qui apporte pour un temps une petite touche de bonheur et d'espérance. Mais quelle tristesse lorsque le regard est vide, lorsque aucun déclic ne se produit, lorsque aucune réponse n'est perçue !

Qu'est-ce que le regard ? Les physiciens considèrent l'œil essentiellement comme un récepteur. Les ondes lumineuses pénètrent dans le globe oculaire par la pupille. Elles sont focalisées par le cristallin et viennent frapper la rétine qui transmet l'information au cerveau par le nerf optique. On compare souvent l'œil à une sorte d'appareil photographique ou de caméra. Mais les caméras ont-elles un regard ?

La vie s'exprime au travers d'êtres apparemment séparés et isolés, mais en réalité reliés entre eux d'innombrables manières. Le regard en est une. Les milliers de terminaisons nerveuses et de petits muscles capables de modeler un visage permettent aux sentiments de s'extérioriser indépendamment du langage. C'est ainsi qu'un regard peut être « chargé de sens » et que nos yeux peuvent apparaître comme porteurs d'échanges profonds avec les autres êtres vivants.

Le vecteur de ces échanges, c'est la lumière. C'est elle aussi qui nous permet de découvrir l'espace lointain. Grâce aux grands télescopes de l'ère moderne, associés aux techniques les plus performantes pour le traitement des images, l'analyse détaillée du rayonnement des objets célestes nous apporte des informations précises sur l'Univers et son évolution.

La vitesse de la lumière

Après avoir compris comment mesurer précisément la vitesse de la lumière, Albert Michelson découvrit que cette vitesse gardait toujours la même valeur, quelles que soient les circonstances. Ce fut une révolution ! Auparavant les ondes lumineuses étaient supposées se propager dans une sorte d'océan spatial, baptisé *éther*.

On ne pouvait pas imaginer l'existence d'ondes sans un support matériel. La Terre devait donc voguer à travers l'éther comme le navire sur la mer. Le navire roule et tangue au gré des ondes de l'océan. Et s'il va au-devant d'une vague, il lui semble qu'elle arrive sur lui plus vite que s'il s'en éloigne, ce qui semble une vérité de Monsieur de La Palice. Il devait donc en être de même pour la lumière. Mais l'expérience a montré que ce n'était pas du tout le cas ! La vitesse de la lumière n'est jamais modifiée, même si l'observateur se déplace. Elle ne se comporte pas comme la vitesse d'un objet en mouvement : c'est une constante de la nature.

Ainsi débutait une ère nouvelle, au cours de laquelle le ciel allait apparaître comme une gigantesque bibliothèque dont les livres seraient les étoiles et les galaxies, classées par ordre chronologique depuis les plus lointaines distances observées jusqu'à notre environnement céleste immédiat.

L'ère des grands télescopes

Les étoiles visibles dans le ciel sont situées en réalité à des distances très variables. Dans la constellation de la Grande Ourse, l'étoile Megrez est trois fois plus proche de nous que l'étoile Alkaïd. Comme la vitesse de la lumière est toujours la même, cela signifie que nous voyons Megrez telle qu'elle était voici 50 ans environ, et Alkaïd telle qu'elle était il y a 150 ans. Non seulement ces étoiles sont à des distances très différentes, mais en plus nous ne les voyons pas au même moment !

Plus nous regardons loin dans l'espace, plus nous voyons loin dans le passé. Le ciel est une mémoire visible, la mémoire de l'Univers. Nous y pénétrons de plus en plus profondément, grâce aux instruments nouveaux qui permettent d'observer les objets célestes à des distances inaccessibles pour les yeux.

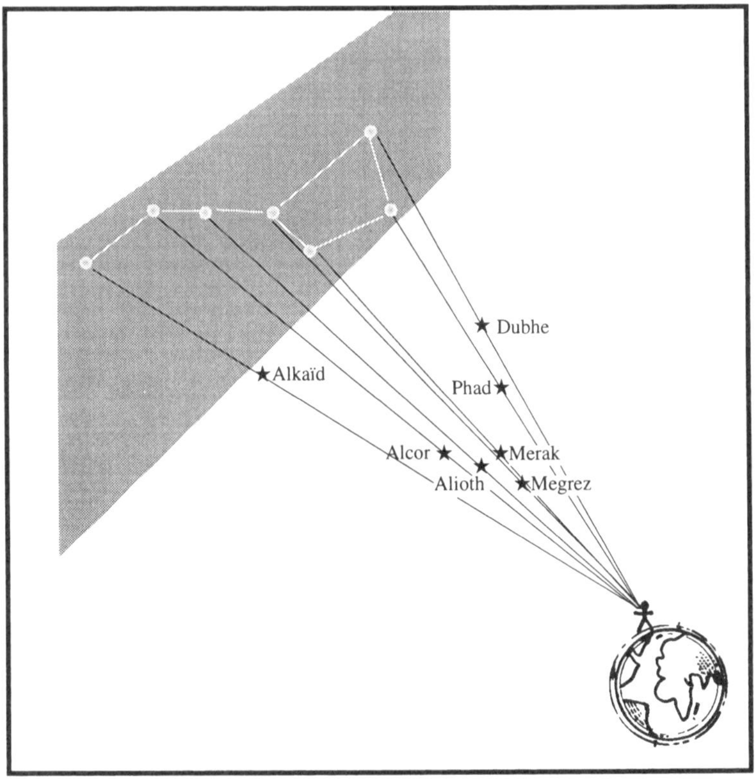

4.1. Distances réelles des étoiles de la Grande Ourse.

Les étoiles de la Grande Ourse sont à des distances de nous très différentes les unes des autres. La constellation n'apparaît que par un effet de perspective depuis la Terre.

Aux environs de 1920, l'astronome américain Edwin Hubble obtint la construction du premier grand télescope de l'ère moderne, sur le sommet du mont Wilson, près de Los Angeles. Avant la construction de ce télescope, on connaissait dans le ciel les étoiles, qui apparaissaient comme des points, et les nébuleuses, qui apparaissaient comme des taches lumineuses étendues. Ce grand télescope, avec son miroir de 2,50 mètres de diamètre, dévoila le secret caché des nébuleuses. Si certaines d'entre elles ressemblaient toujours bien à des nuages de gaz illuminés, comme la nébuleuse d'Orion, d'autres révélaient qu'elles étaient en réalité constituées d'innombrables étoiles, comme la Voie lactée, notre galaxie. Il existait donc d'autres galaxies que la nôtre dans l'immensité de l'espace ! L'étude de leur spectre allait mettre en évidence l'expansion de l'Univers.

Le télescope historique du mont Wilson a maintenant vécu. Bien que ses performances soient toujours excellentes à priori, les observations y sont gênées par la pollution lumineuse de la mégapole qu'est devenue Los Angeles. C'est ainsi que passent les générations de télescopes pour laisser la place à d'autres, plus grands, d'une technologie nouvelle et mieux situés, loin de toute ville. C'est le cas des très grands télescopes américains KECK, de chacun 10 mètres de diamètre, situés à Hawaii, et du futur télescope européen VLT (Very Large Telescope) en cours de construction dans le désert du mont Paranal (Chili), qui comprendra quatre miroirs de chacun 8 mètres de diamètre... Sans oublier les télescopes envoyés dans l'espace, en particulier celui auquel les astronomes ont donné le nom de « Hubble Space Telescope » (Télescope spatial Hubble) en mémoire de l'astronome Edwin Hubble, qui procure des images saisissantes du ciel et nous permet d'affiner notre connaissance de l'Univers.

Les couleurs manquantes de l'arc-en-ciel

Pour comprendre comment fonctionne l'Univers, il ne suffit pas de regarder de belles images. Il faut aussi analyser la lumière sous toutes ses formes possibles et être capable de recevoir toutes les informations qu'elle peut fournir. L'étude des spectres lumineux est essentielle pour l'élaboration de la connaissance.

Nous aurions bien du mal à découvrir, en examinant de nos yeux la palette de l'arc-en-ciel, qu'il y manque des couleurs !

Pourtant ces couleurs manquantes se distinguent aisément dans les spectres solaires obtenus avec des prismes ou des réseaux optiques. L'arc-en-ciel est parsemé de fines bandes noires.

Rien n'est parfait : même la lumière du Soleil a des défauts ! Mais comme toujours dans la démarche scientifique, ces imperfections sont la source d'une immense richesse de découvertes. Celles-ci vont nous mener jusqu'aux confins de l'Univers observable.

Pourquoi ces couleurs manquantes ? Qui les a avalées ? Ce sont les atomes du Soleil ! Tous les atomes sont capables d'absorber, à des longueurs d'onde très précises, une partie du rayonnement auquel ils sont soumis. Chaque atome possède ainsi une signature spectrale particulière, permanente, qui lui est aussi caractéristique que l'empreinte digitale est caractéristique de chaque être humain.

La raison de ce comportement se trouve dans la structure même des atomes. Ils sont constitués d'un noyau, de charge électrique positive, et d'électrons, de charge électrique négative. Ces électrons sont responsables de l'absorption du rayonnement. Leur énergie à l'intérieur de l'atome est précisément codifiée. Lorsqu'elle est la plus faible possible, on dit que l'atome est dans son état fondamental. Elle peut être plus élevée, mais seulement avec des valeurs bien définies. On dit alors que l'atome est dans un état excité. Le passage de l'atome d'un état à l'autre se produit en absorbant le rayonnement à des longueurs d'onde caractéristiques.

C'est un peu comme ces jeux de fête foraine qui se présentent comme des plans inclinés, en général tapissés de feutre vert, avec des trous. On lance une balle, et si elle tombe dans un trou on a gagné. Quelle excitation ! Il fallait pour cela donner à la balle exactement l'énergie nécessaire pour qu'elle arrive jusqu'au trou sans le dépasser.

Le langage codé des étoiles

Chaque étoile a un spectre lumineux qui lui est propre. Certains de ces spectres ressemblent à celui du Soleil, d'autres sont très différents. Cela dépend des atomes qui se trouvent dans l'étoile, bien sûr, mais aussi de sa température, de sa densité et de sa vitesse par rapport à nous. La lumière des étoiles envoie de véritables signaux que nous cherchons à décoder.

A très forte température, les électrons peuvent être en partie séparés des noyaux atomiques. Les atomes sont alors *ionisés* et prennent le nom d'*ions*. La signature spectrale d'un atome ionisé n'est pas la même que celle d'un atome neutre (qui possède tous ses électrons). C'est ainsi que les spectres des étoiles nous renseignent non seulement sur leur composition, mais aussi sur leur température externe, que les astrophysiciens ont l'habitude d'appeler *température effective*. On mesure cette température en degrés absolus, appelés encore *kelvins*, en mémoire du physicien anglais Lord Kelvin. L'échelle des degrés absolus est comptée à partir du zéro absolu, qui se situe à moins 273 degrés de l'échelle *Celsius*, utilisée dans la vie courante. La température effective de la plupart des étoiles se situe entre 3 000 et 30 000 kelvins. Celle du Soleil est de 5 800 kelvins.

L'effet de la densité de l'étoile sur le spectre observé est un peu différent. Si deux étoiles de même composition chimique ont la même température, les couleurs manquantes – ou raies spectrales – sont sensiblement les mêmes. Mais si l'une des deux étoiles est plus dense que l'autre, les régions sombres sont plus larges, autrement dit les raies spectrales sont plus intenses. C'est ainsi que l'on reconnaît facilement une étoile géante, qui s'est dilatée et qui est donc peu dense, d'une étoile naine de même température.

Spectres de galaxies

Lorsque les dernières lueurs du couchant disparaissent à l'horizon, sortent les noctambules amoureux des étoiles. Par une très belle nuit d'été je repère ainsi, à l'opposé de la Grande Ourse par rapport à l'étoile polaire, le W caractéristique de la constellation de Cassiopée. Plus au sud s'étend le Grand Carré de Pégase, dont l'étoile la plus brillante est Alpheratz, première étoile de la constellation d'Andromède. Quel ravissement de pouvoir alors découvrir la galaxie spirale d'Andromède, M31 pour les intimes ! Elle se trouve un peu au nord, au milieu d'un triangle constitué par Alpheratz, Mirach (la deuxième étoile de la constellation) et l'étoile la plus brillante du W (alpha Cassiopée). Elle apparaît comme une petite tache à l'œil nu, mais il suffit de la regarder avec de bonnes jumelles pour qu'elle dévoile aussitôt le panache de ses bras spiraux.

M31, sœur jumelle de notre propre galaxie, contient 200 milliards d'étoiles comme le Soleil. Entre les étoiles s'étendent de grands nuages composés de gaz, de poussières et de petits grains de matière. Certaines de ces nébuleuses sont des berceaux de jeunes étoiles nouveau-nées, d'autres sont des restes d'étoiles mortes. Il en est ainsi pour toutes les galaxies spirales observées dans le ciel.

À l'aide d'un télescope, on peut remarquer deux galaxies plus petites, à proximité de la galaxie spirale d'Andromède. L'une a une forme ellipsoïdale, l'autre est presque sphérique. Elles font partie d'une vaste classe de galaxies : les elliptiques. Celles de la constellation d'Andromède sont particulièrement petites. Elles gravitent autour de M31 : ce sont ses satellites ! D'autres elliptiques, très grosses, se trouvent au centre de certains amas de galaxies : ce sont les *galaxies cannibales*, qui absorbent petit à petit toutes les petites galaxies de leur voisinage et deviennent énormes.

Contrairement aux galaxies spirales, les elliptiques ne contiennent pas, ou très peu, de gaz et de poussières. Il existe aussi d'autres sortes de galaxies : les irrégulières, qui ne présentent pas de forme particulière. C'est le cas des deux nuages de Magellan, bien connus des habitants de l'hémisphère Sud, satellites de notre propre galaxie.

Il est exceptionnel de pouvoir distinguer les étoiles séparément dans une galaxie. Ce n'est possible que pour les galaxies les plus proches, avec les télescopes les plus puissants. Dans le cas général on les observe dans leur globalité. Le rayonnement reçu est alors un mélange de tous les rayonnements émis et absorbés par les étoiles, le gaz et les poussières. Le spectre d'une galaxie est un composite, une superposition des spectres de tous les objets qui la composent. Il porte en lui une mine d'informations !

Expansion

Grâce au télescope du mont Wilson, les astronomes Edwin Hubble et David Humason étudièrent en détail les spectres lumineux des galaxies. Ils constatèrent qu'ils montraient bien les raies spectrales des éléments connus, mais que ces raies étaient toutes plus rouges que prévu. Les astronomes firent immédiatement le rapprochement entre cette observation et le phénomène de décalage spectral connu sous le nom d'« effet Doppler-Fizeau ». Si un objet émet une onde en s'éloignant, sa vitesse d'éloignement produit un étirement de la longueur d'onde. Inversement, si l'objet se rapproche, la longueur d'onde se rétrécit. Lorsqu'il s'agit d'une onde sonore, l'objet qui se rapproche émet un son plus aigu, qui devient plus grave dès qu'il s'éloigne. C'est la raison pour laquelle la sirène d'une ambulance semble changer de tonalité lorsqu'on la croise. Dans le cas de la lumière visible, le rayon-

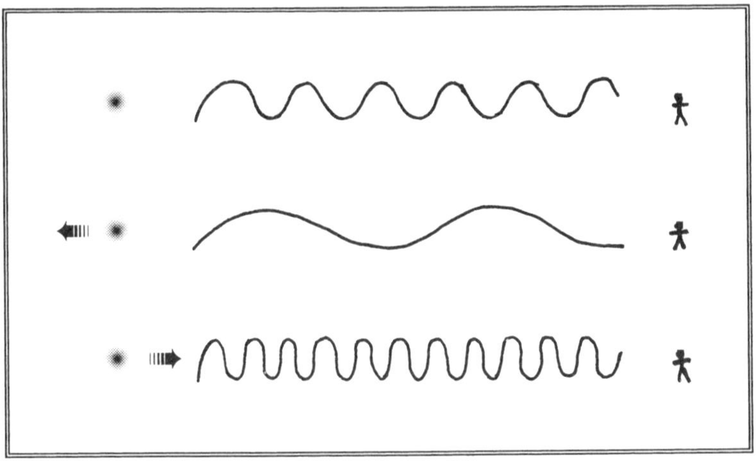

4.2. Effet Doppler-Fizeau.

Un objet émet une onde (sonore ou lumineuse) reçue par un observateur. Si l'objet s'éloigne de l'observateur, la longueur d'onde du rayonnement reçu est plus grande que celle du rayonnement émis. Si au contraire l'objet se rapproche, elle est plus petite.

nement reçu est plus rouge que le rayonnement émis si la source lumineuse s'éloigne, plus bleu s'il se rapproche.

Hubble et Humason découvrirent que le décalage spectral des galaxies augmentait avec leur distance. Ce décalage étant attribué à une vitesse d'éloignement, ils en déduisirent que les galaxies s'éloignent d'autant plus vite qu'elles sont loin. Ce fut la découverte de l'expansion de l'Univers. On peut comparer l'espace, dans cette hypothèse, à un damier dont toutes les dimensions augmenteraient au cours du temps. Les galaxies s'éloignent les unes des autres comme les nœuds du damier. Nous nous trouvons sur l'un de ces nœuds. Si nous vivions sur une autre planète autour d'une autre étoile dans une autre galaxie, nous aurions la même impression.

Ondes sur élastiques

Depuis le début du siècle, notre représentation de l'Univers a évolué. Les cosmologistes ont compris que l'effet Doppler-Fizeau classique n'est pas la meilleure explication du décalage vers le rouge du spectre des galaxies, même si c'est encore l'explication la plus fréquemment donnée dans les ouvrages généraux.

Revenons à l'image du damier. A une époque donnée de l'histoire de l'Univers, une galaxie qui se trouve sur l'un des nœuds émet un rayonnement. Dans cette description, la galaxie ne bouge pas par rapport au damier : elle reste toujours sur le même nœud[1]. Les ondes lumineuses, qui nous permettront de voir cette galaxie des milliards d'années plus tard, à des milliards d'années-lumière, commencent alors leur long cheminement. Au cours de leur déplacement, elles rencontrent un espace où toutes

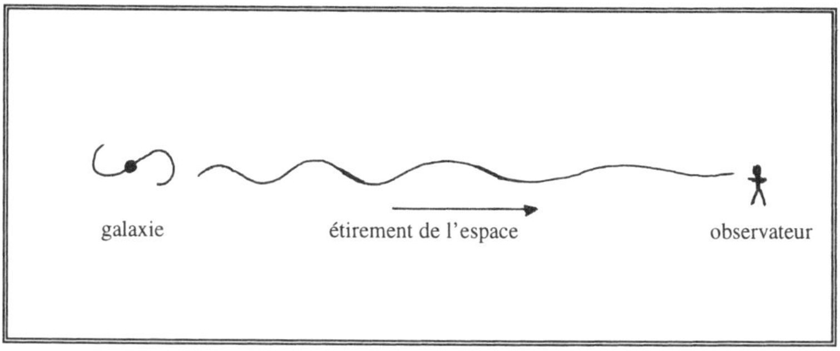

4.3. Décalage cosmologique du rayonnement des galaxies.

Une galaxie émet une onde lumineuse à une époque donnée de l'histoire de l'Univers. Cette onde se propage dans un espace en expansion, ce qui induit une augmentation de la longueur d'onde au fur et à mesure de sa propagation.

1. En réalité, les galaxies ont aussi des vitesses individuelles par rapport à l'espace, qui se superposent à l'effet global d'expansion.

les longueurs augmentent au fur et à mesure de leur passage. Les longueurs d'onde s'étirent en suivant cette dilatation, comme si elles avançaient sur des élastiques.

Comment concilier ceci avec les résultats de l'effet Doppler-Fizeau classique ? Hubble considérait que les galaxies avaient une vitesse réelle par rapport à nous, comme un train qui s'éloigne. Les cosmologistes modernes pensent que le rayonnement des galaxies suit simplement l'expansion de l'espace. Dans les deux cas, la lumière est reçue à son arrivée avec un décalage vers le rouge. Le résultat final est le même, mais les deux interprétations sont différentes.

L'interprétation actuelle permet de lever un paradoxe : si les galaxies avaient une vitesse réelle par rapport à nous, que se passerait-il quand cette vitesse atteindrait celle de la lumière ? Dans la mesure où la vitesse d'une galaxie est d'autant plus grande qu'elle est loin, cela ne manquerait pas de se produire pour une certaine distance, appelée *horizon cosmique*. On peut répondre qu'alors la galaxie ne nous serait pas visible, puisqu'elle s'éloignerait plus vite que la lumière. Mais cela contredit le résultat bien établi de la théorie de la relativité, selon lequel la vitesse de la lumière ne peut être dépassée.

Le paradoxe disparaît dans le cadre des théories modernes. Les galaxies ne vont jamais plus vite que la lumière. Elles émettent un rayonnement qui met longtemps à nous parvenir, d'autant plus longtemps qu'elles sont éloignées de nous. L'horizon cosmique existe bien, mais la raison en est différente. C'est la limite au-delà de laquelle le rayonnement des galaxies n'a pas encore eu le temps de parvenir jusqu'à la Terre depuis que l'Univers existe.

Big-Bang

Et voici que commence à s'introduire la notion de temps dans l'Univers. L'Univers n'est plus éternel. Les galaxies s'éloignent les unes des autres. Donc, dans le passé, elles étaient plus près. Il est possible de remonter le temps par le calcul et par la pensée : la densité de l'Univers devient de plus en plus grande et finit par atteindre des valeurs plus élevées que tout ce que l'on peut imaginer. On atteint alors ce que les cosmologistes appellent la *singularité primordiale.* Cet événement peut être daté entre 10 et 15 milliards d'années avant l'époque actuelle. C'est l'âge que l'on obtient en extrapolant dans le passé nos observations de l'Univers et en utilisant les lois de la physique que nous connaissons sur Terre. L'astrophysicien anglais Fred Hoyle a un jour, par dérision, nommé cette singularité le « Big-Bang ». Comme on le sait, ce nom lui est resté !

Il est difficile d'imaginer un nom plus galvaudé que celui du Big-Bang. « Croyez-vous au Big-Bang ? » demande-t-on fréquemment. Ou encore : « Qu'y avait-il donc avant le Big-Bang ? » Parfois peut-on lire dans certaines revues des gros titres comme : « Ces scientifiques qui ne croient pas au Big-Bang »... Et pourtant il ne s'agit pas de croire ou de ne pas croire au Big-Bang. Le Big-Bang n'est pas du domaine de la foi ! Il s'agit simplement d'un résultat scientifique, avec ses contraintes et ses limites, ses solutions, ses défauts et ses paradoxes.

Depuis les premières observations d'Edwin Hubble, les astrophysiciens ont obtenu d'éclatantes confirmations de ce que l'Univers a dû être très chaud et très dense dans le passé. L'accord entre les prédictions théoriques et les observations est parfois stupéfiant. Cependant, lorsque l'on pousse la théorie dans ses derniers retranchements, lorsque l'on cherche à décrire et à expliquer les conditions extrêmes, on arrive parfois à des paradoxes difficiles à résoudre dans le cadre des connaissances actuelles.

Est-ce à dire, comme on le voit si souvent écrit, que la théorie du Big-Bang doit être remise en question ? Que les astrophysiciens se sont trompés ? Une telle interprétation est la preuve d'une profonde méconnaissance de la démarche scientifique. La découverte de paradoxes dans leurs théories rend en général les physiciens heureux ! Cela représente en effet pour eux le défi qui leur permettra d'aller plus loin dans la compréhension des phénomènes et d'élargir leur vision du monde. Il est rare qu'une telle évolution détruise la valeur des théories précédentes. On découvre simplement que ces théories ne sont valables que dans certaines conditions, celles dans lesquelles on travaillait jusqu'ici, et qu'elles doivent être dorénavant englobées dans un ensemble plus large.

Tête d'épingle

Revenons plus en détail sur ce que nous savons, et sur ce que nous ne savons pas, du Big-Bang. Il est indispensable de discerner le domaine des connaissances réelles et celui de l'imaginaire. Ce n'est pas facile, et les scientifiques eux-mêmes ont parfois du mal à s'y retrouver.

On lit souvent, dans la littérature scientifique destinée au grand public, que l'Univers est né « comme un point unique de densité infinie », qu'il n'était, en ses débuts, « pas plus gros qu'une tête d'épingle », etc. Cette affirmation n'est pas correcte, car en réalité nous n'en savons rien ! Aucun résultat scientifique ne permet d'affirmer cela !

Ce malentendu si généralement admis résulte du concours de deux causes différentes. La première, c'est qu'il permet d'éluder certaines difficultés. Il est toujours tentant de modifier légèrement les problèmes pour les rendre plus simples à appréhender, même au détriment de la vérité. Mais il faut refuser cette tentation, si l'on veut participer à la grande aventure de l'évolution.

La deuxième cause de ce malentendu, c'est que nous confondons l'Univers que nous avons la possibilité d'observer, et l'Univers qui existe réellement à une époque donnée : ce n'est pas le même ! Le ciel ne nous montre pas l'Univers d'aujourd'hui. Il est la mémoire de l'Univers du passé. Et lorsqu'on lit dans des ouvrages scientifiques que notre immense Univers, avec ses centaines de milliards de galaxies contenant chacune des centaines de milliards d'étoiles, n'était pas plus grand en ses premiers instants qu'une tête d'épingle… ce n'est pas de l'Univers entier qu'il s'agit, mais de cette partie de l'Univers que nous pouvons observer. Nous ne savons pas quelle est la dimension de l'Univers réel, et il peut très bien être infini ! Et si l'Univers est infini, il n'était pas plus petit dans le passé, car l'infini ne peut pas être plus petit que l'infini.

Au-delà de l'imagination

Comment peut-on imaginer un Univers en expansion qui n'était pas plus petit dans le passé ? Aussi étrange que cela puisse paraître, ce n'est pas une contradiction, en tout cas pas sur le plan mathématique. La difficulté, comme toujours, vient du langage. Lorsqu'on parle d'expansion, on ne peut s'empêcher de penser à l'image d'un ballon qui se gonfle, ou d'une tache qui s'étend… Dans tous les cas, notre imagination suppose l'expansion d'une certaine sorte de matière dans un espace environnant.

L'expansion de l'Univers, ce n'est pas cela du tout ! Essayons d'oublier cette image de l'espace représenté comme un nuage de matière qui ne cesserait de gonfler. La seule certitude dans ce domaine, c'est que les distances entre les galaxies augmentent au cours du temps : c'est cela l'expansion. Par ailleurs, les observations actuelles s'accordent avec les résultats théoriques obtenus si l'Univers est « ouvert », c'est-à-dire à priori infini, mais rien n'est certain sur ce plan[1].

L'image d'une explosion ponctuelle conduit à des contresens fréquents. On demande par exemple : « Où donc s'est produit le Big-Bang ? », sans comprendre que l'explosion primordiale concerne tout notre espace et s'est produite partout à la fois ! J'ai rencontré une jeune enseignante d'école primaire ravie d'avoir inventé un jeu qu'elle avait intitulé « le jeu du Big-Bang ». Il s'agissait pour un groupe d'enfants de se tenir debout dos à dos et de se mettre à courir tous en même temps dans toutes les directions à un signal donné : ce jeu était supposé faire comprendre aux enfants la notion d'explosion primordiale ! Cette image se retrouve malheureusement trop souvent : on représente le Big-Bang comme des étincelles partant d'un point central, ce qui en donne une représentation spectaculaire mais fausse.

Une compréhension de l'idée de Big-Bang plus proche de la réalité scientifique que l'image du cierge magique de Noël demande un peu de temps et de patience, mais le jeu en vaut la chandelle ! La réalité est certainement beaucoup plus extraordinaire que tout ce que l'on peut imaginer.

Le ciel nocturne

Lorsque nous pointons nos télescopes vers le ciel, qu'observons-nous ? Tout d'abord des étoiles, situées à quelques années-lumière de nous. Ces étoiles appartiennent, comme le Soleil, à notre galaxie. Bien au-delà de ces étoiles, si nous regardons dans la bonne direction, nous pouvons observer des galaxies lointaines,

1. Voir chapitre 5.

dont les distances peuvent aller de quelques millions à quelques milliards d'années-lumière. Ces galaxies, nous les voyons à l'époque où la lumière les a quittées. Lorsqu'elles se trouvent à quelques milliards d'années-lumière, cela commence à avoir de l'importance ! L'Univers était alors beaucoup plus dense et les galaxies plus proches les unes des autres. Les observations les plus récentes avec les plus grands télescopes, en particulier le Télescope spatial Hubble, montrent une sorte de fond diffus de galaxies, très faibles, très rougies, très lointaines, qui remplissent une grande partie du ciel. Le ciel nocturne n'est pas si noir qu'on l'imagine !

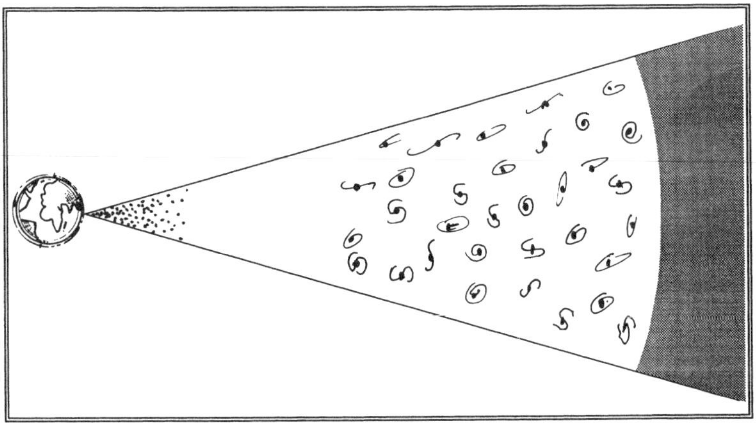

4.4. Que voyons-nous dans le ciel nocturne ?

Si nous regardons dans une direction précise, nous voyons d'abord des étoiles de notre galaxie, à des distances de quelques années-lumière. Avec les instruments appropriés nous pouvons observer, au-delà des étoiles, les galaxies lointaines, à des distances allant de quelques millions à une dizaine de milliards d'années-lumière. Au-delà des galaxies, en utilisant des radiotélescopes, nous pouvons détecter le rayonnement cosmologique primordial, qui a été émis dans l'Univers à l'époque de la séparation de la lumière et de la matière. Le ciel est la mémoire visible de l'Univers. Il nous montre directement son passé, depuis l'époque actuelle jusqu'à l'émission du rayonnement primordial. Il est impossible d'observer directement au-delà de la région d'émission de ce rayonnement, car auparavant l'Univers était opaque. Seuls les neutrinos peuvent nous parvenir de cette période, mais nous ne possédons pas encore d'instruments assez puissants pour les détecter.

Nous observons aussi des quasars, centres très brillants de galaxies dont le décalage spectral montre qu'elles sont extrêmement lointaines : elles ont été parmi les premières galaxies formées, et nous les voyons encore dans leur petite enfance. Nous pouvons actuellement remonter ainsi, avec nos observations de galaxies, jusqu'à environ 98 % de l'âge de l'Univers.

Qu'y a-t-il au-delà ? Nous pouvons le découvrir grâce aux radiotélescopes.

La lumière du chaos primordial

Dans ses premiers instants, l'Univers était très chaud et très dense. Il y avait de la lumière, il y avait de la matière, tout cela intimement mélangé et se changeant même l'un en l'autre. C'était le chaos primordial.

À mesure que l'Univers est devenu moins dense, les interactions entre la lumière et la matière se sont faites moins fréquentes, jusqu'à ce qu'elles cessent complètement. Cet événement s'est produit précisément lorsque les protons et les électrons se sont liés ensemble pour former les premiers atomes d'hydrogène – l'Univers avait alors 100 000 ans. À cette époque, la température était de 3 500 degrés environ. La lumière qui baignait l'Univers était d'une teinte orangée, proche de la couleur actuelle de l'étoile Bételgeuse.

Qu'est devenue cette lumière, émanescence du chaos primordial ? Elle n'a pas disparu, mais elle aussi a changé de longueur d'onde, encore plus que la lumière des galaxies puisqu'elle vient de plus loin. Une lumière orange dont la longueur d'onde augmente devient rouge, puis infrarouge, puis passe dans le domaine des ondes radioélectriques.

C'est ainsi que la théorie du Big-Bang conduit au résultat qu'il doit exister actuellement dans l'Univers un rayonnement radioélectrique dont la longueur d'onde est de l'ordre du millimètre : le *rayonnement cosmologique*. L'existence de cette lumière primordiale avait été prédite dès 1940 par le physicien George Gamow. Elle a été observée pour la première fois en 1964 par Arno Penzias et George Wilson aux Etats-Unis. Elle est maintenant connue de façon très précise grâce à des observations effectuées depuis un satellite spécialement dévolu à cet effet : le satellite COBE. D'autres satellites sont en préparation pour mieux l'étudier. Les comparaisons entre les résultats d'observations et les prédictions théoriques concernant le spectre de ce rayonnement sont superbes et représentent une très belle confirmation de la théorie.

Alors il est inutile de poser la question : pourra-t-on un jour voir le Big-Bang ? La réponse, c'est qu'on le voit déjà, le Big-Bang, autant qu'on puisse le voir ! Seulement, avec l'expansion de l'Univers, ce qui nous reste de l'explosion primordiale est loin de ressembler au spectacle d'un feu d'artifice. Depuis le temps que la lumière du Big-Bang existe, elle s'est beaucoup affaiblie, et on ne peut plus la détecter qu'avec des radiotélescopes.

A-t-il existé un « temps zéro » ?

La lumière du chaos primordial, c'est la limite de ce que nous pouvons directement observer du Big-Bang. Lorsque nos radiotélescopes observent ce rayonnement, cela signifie très précisément qu'ils reçoivent sur leurs antennes des photons de lumière émis lorsque l'Univers avait 100 000 ans. Ces photons nous parviennent maintenant d'une région de l'espace située entre 10 et 15 milliards d'années-lumière. Nous ne pouvons pas « voir » au-delà, c'est-à-dire plus loin dans le passé, car l'Univers était auparavant trop dense et opaque : la lumière et la matière n'étaient pas encore séparées.

Peut-être, dans l'avenir, sera-t-il possible de détecter les neutrinos du Big-Bang : ces particules qui se laissent si difficilement capturer, et qui sont capables de traverser toute la Terre sans même dévier de leur trajectoire. Les neutrinos du chaos primordial se sont séparés de la matière avant la lumière : si nous les détectons un jour, nous observerons l'Univers lorsqu'il avait moins de cent mille ans.

Sans attendre ces observations, les calculs théoriques permettent d'appréhender l'Univers de cette époque, appelé *Univers primordial.* Pour y arriver, nous utilisons les résultats d'observations, et les lois de la physique établies sur Terre.

La loi, c'est la loi !

Qu'est-ce qu'une loi de la physique ? Il s'agit tout d'abord d'analyser ce que l'on observe, soit dans la nature, soit au cours d'expériences de laboratoire, et de comprendre comment tout cela fonctionne et évolue. Les causes des effets observés doivent être identifiées et des lois sont proposées pour les expliquer. Ces lois sont ensuite utilisées pour prédire les résultats de nouvelles expériences ou de nouvelles observations. Si les résultats obtenus correspondent aux prédictions, les lois établies sont supposées correctes. Dans le cas inverse, il faut modifier la théorie et les lois qui en découlent.

Nous avons de bonnes raisons de croire que les lois de la physique sont les mêmes, très loin dans l'espace et dans le temps. L'étude du spectre des galaxies lointaines en fournit un exemple convaincant. En effet, si les raies spectrales observées sont toutes décalées vers le rouge, elles restent très reconnaissables les unes par rapport aux autres, et correspondent bien aux atomes que nous connaissons sur Terre. Cela prouve que les atomes se comportent « là-bas » de la même manière que chez nous.

Mais nous savons aussi que ces lois de la physique, telles que nous les connaissons actuellement, ont des limites. Au-delà d'une certaine densité et d'une certaine température, appelées « densité et température de Planck », les lois utilisées doivent être modifiées. Leur modification représente un sujet de travail très important pour les physiciens contemporains, qui n'ont pas encore obtenu de résultats unanimement établis.

Au-delà de ces valeurs de Planck, le temps et l'espace n'ont pas leur signification actuelle. Les chiffres impliqués sont « astronomiques » ! La densité de Planck est de 10^{96} kilos par mètre cube, et la température de 10^{32} degrés. On peut y associer le « temps de Planck », c'est-à-dire la valeur la plus petite possible que l'on peut concevoir pour le temps. Elle est extrêmement petite : 10^{-43} seconde.

Voici donc atteintes les limites de la connaissance. Il n'est pas correct de parler de « temps zéro », puisqu'un temps plus petit que le temps de Planck n'a pas de signification. Il est aussi totalement illusoire de demander de ce qu'il y avait « avant » le Big-Bang. Cette question n'a tout simplement pas de sens. C'est comme si l'on voulait décrire une rivière alors qu'elle n'a pas encore jailli de sa source. Il n'y a pas d'« avant » puisque le temps n'existait pas !

Au-delà du temps

L'aventure humaine s'inscrit dans une histoire, une histoire vieille de plus de 10 milliards d'années. Comment ne pas être pris de vertige devant ces échelles de temps ? La réalité nous dépasse. Je pense qu'elle nous dépassera toujours, même si nous l'appréhendons de mieux en mieux. L'espèce humaine a pris conscience d'elle-même et souhaiterait dominer le monde entier, mais elle ne le peut pas.

Nous ne connaissons pas l'origine de l'Univers. Parler de sa naissance n'a pas de signification puisque alors le temps lui-même n'existait pas. Avons-nous même le droit de parler d'âge selon l'échelle de temps qui est la nôtre actuellement ? Nous le faisons parce que nous n'avons pas d'autre solution pour interpréter, selon nos possibilités de raisonnement, les événements que nous observons.

Les scientifiques, s'ils savent beaucoup de choses, ne comprennent pas tout. Les interprétations scientifiques des événements observés sont complexes et souvent incomplètes. Evitons de les fausser sous le prétexte de les simplifier. Vouloir inscrire des réponses là où rien n'est encore prouvé ferme le chemin de l'exploration. Les questions ouvertes sont autant de portes sur l'avenir.

L'étude scientifique du monde apporte la connaissance, mais cette connaissance a ses limites. Découvrir l'origine et la finalité de notre existence, c'est le but ultime, à jamais inatteignable, vers lequel se dirige notre quête. La démarche scientifique fondamentale représente un style de vie qui s'apparente à l'humanisme. Nous faisons partie d'un monde en évolution, nous sommes nous-mêmes en permanente remise en question. C'est là, me semble-t-il, que se trouve le sens de notre vie.

5

Entre le passé et l'avenir

« Chaque jour est à lui seul une vie. »
Sénèque

Les levers de soleil sur la Montagne Noire… C'est la joie de ces petits matins d'hiver où sitôt debout je m'approche de la fenêtre tournée vers l'orient. Mon cœur se dilate et ma respiration s'intensifie à ce merveilleux spectacle de l'aube. C'est un festival de teintes orangées et pourpres, sur lesquelles se détache, au loin, la ligne sombre des crêtes, prémices du Massif central. Comme nos ancêtres, je salue le Soleil levant. Quoi qu'il puisse m'arriver au cours de cette nouvelle journée, je l'aborderai en gardant au plus profond de moi le secret de cette puissante communion avec la nature, au cours de ces instants sublimes qui précèdent la première apparition de l'Astre du Jour.

L'intimité avec le cosmos se vit dans le présent. Notre cœur bat la seconde. Cette seconde-là n'est pas précise, mais elle représente justement la pulsation intime de notre relation cosmique. Elle rythme notre présence au monde. Et c'est debout sur le fil tendu de notre impalpable présent que nous étudions cet immense espace-temps dont nous faisons partie, entre le passé et l'avenir.

Fils du Soleil

Je me souviens d'une anecdote racontée par C. G.Jung dans *Ma vie, souvenirs, rêves et pensées*[1] à propos de son séjour chez les Indiens Pueblos, au Nouveau-Mexique. Ochwiay Biano – dont le nom signifie « Lac des Montagnes » – se lamente car les Américains veulent interdire le culte et les danses religieuses des Indiens. Et pourtant, explique Lac des Montagnes, ce que nous faisons, c'est pour le monde entier ! « Après tout, nous sommes un peuple, dit-il, qui vit sur le toit du monde ; nous sommes les fils de notre Père, le Soleil, et grâce à notre religion, nous aidons quotidiennement notre Père à traverser le ciel. Nous agissons ainsi non seulement pour nous, mais pour le monde entier. Si nous arrêtions nos pratiques religieuses, dans dix ans le Soleil ne se lèverait plus. Ce serait la nuit à jamais. » L'Indien Pueblo vivait, dit Jung, dans une dignité qui reposait sur la « certitude sereine » d'être le fils du Soleil, et cette certitude conférait à sa vie un « sens cosmologique » qui nous est étranger.

Ces hommes qui se croyaient les fils du Soleil n'avaient pas totalement tort, puisque nous sommes tous des descendants d'étoiles. Nous ne sommes pour rien dans le fait que le Soleil continue à se lever tous les matins et à se coucher tous les soirs, mais nous savons que notre vie représente une émergence du cosmos. Nous nous sommes éloignés d'un certain monde mythique dont nous ressentons parfois la nostalgie. Mais les connaissances que nous avons acquises nous conduisent vers des chemins encore plus extraordinaires. Nous n'avons pas perdu la dignité de nos ancêtres. Nous nous découvrons un nouveau « sens cosmologique » à la lumière de notre savoir contemporain, qui nous aide à assumer à sa juste valeur notre relation intime avec le cosmos.

1. Gallimard, 1973.

Chaleur solaire

Avant la découverte de l'énergie nucléaire, il était impossible de comprendre d'où provenait l'extraordinaire énergie émise par le Soleil sous forme de lumière. Rappelons l'émerveillement de Camille Flammarion devant la chaleur intense du Soleil, qui paraissait si mystérieuse à l'époque. Il la décrit à sa manière dans son *Astronomie populaire*, publiée en 1880 : « La chaleur émise par le Soleil à chaque seconde est égale à celle qui résulterait de la combustion de onze quatrillions six cent mille milliards de tonnes de charbon de terre brûlant ensemble. Cette même chaleur ferait bouillir par heure deux trillions neuf cents milliards de kilomètres cubes d'eau à la température de la glace. Essayez de comprendre !.. Que la fourmi essaye de boire l'océan ! »

C'est fait : la fourmi de Camille Flammarion a réussi à boire l'océan ! Ce qui paraissait totalement incompréhensible à la fin du siècle dernier s'est clarifié une cinquantaine d'années plus tard grâce à la découverte de l'énergie nucléaire. Nous savons maintenant que l'énergie solaire provient de la fusion nucléaire d'hydrogène en hélium. C'est cette énergie nucléaire qui a permis à la vie de se développer sur Terre. C'est elle qui, continuellement bue par les végétaux au cours de la photosynthèse, permet le renouvellement permanent de l'oxygène de l'air.

Le Soleil est un gigantesque réacteur nucléaire. Nous bénéficions de sa chaleur et nous pourrions certainement l'utiliser et la gérer d'une manière beaucoup plus efficace que ce que nous faisons actuellement. L'énergie solaire, c'est de l'énergie nucléaire naturelle, dont les réserves peuvent encore durer 5 milliards d'années ! Investir pour des recherches sur l'énergie solaire, c'est prévoir à très long terme, sur l'échelle de temps la plus longue que l'on puisse imaginer pour notre planète Terre. C'est considérer un potentiel d'énergie naturelle disponible, sinon jusqu'à la « fin des temps », au moins jusqu'à la fin de l'existence de la Terre elle-même !

La fin du Soleil et de la Terre

Y aura-t-il une « fin des temps » ? La réponse à cette question n'est pas évidente. Ce qui, en revanche, est connu sans ambiguïté, c'est que le Soleil et la Terre auront une fin. Nous savons comment cela se produira, et dans combien de temps.

C'est une question de budget. Lorsque, dans un budget familial, quelques économies ont été épargnées, les membres de la famille savent combien ils peuvent dépenser et pendant combien de temps, avant de ne plus avoir d'argent. Le budget solaire, c'est une question de dépenses annuelles et de combustible disponible.

Lorsque quatre protons – les noyaux de l'atome d'hydrogène – fusionnent en un noyau d'atome d'hélium, ils libèrent de l'énergie car la masse d'un noyau d'hélium est plus faible que la masse des quatre protons de départ (c'est la relation bien connue : $E = mc^2$). L'énergie libérée est de l'ordre de 4×10^{-12} joule. C'est extrêmement faible. Cela correspond à 1 millionième de millionième de calorie. A titre de comparaison, il nous faut environ 3 000 kilocalories, c'est-à-dire 3 millions de calories par jour pour vivre !

L'énergie libérée par la fusion de quatre protons est très faible, mais le nombre de protons présents dans le Soleil est immense. Un dé à coudre de matière solaire en contient suffisamment pour produire l'énergie nécessaire par jour aux habitants d'une petite ville.

Le Soleil comprenait en tout, à l'origine, 10^{57} noyaux d'hydrogène (c'est-à-dire un « un » suivi de 57 zéros, nombre beaucoup trop grand pour pouvoir être nommé !). Un dixième environ de ces protons, soit 10^{56}, situés dans la fournaise centrale, constituent le combustible disponible (les autres ne seront jamais portés à une température suffisante pour fusionner). Cela représente un capital pour une durée de 10^{10} ans, soit 10 milliards d'années. On connaît par ailleurs l'âge actuel du Soleil, qui est aussi l'âge de la Terre : 4,6 milliards d'années. Il reste donc au Soleil de quoi vivre pendant un peu plus de 5 milliards d'années [1].

Que se passera-t-il ensuite ? Le Soleil se mettra à enfler, il deviendra une géante rouge, comme actuellement l'étoile Arcturus. Sur Terre, il fera de plus en plus chaud. La température s'élèvera de plusieurs milliers de degrés, et la vie y deviendra impossible. Finalement le Soleil enflera tellement qu'il englobera les unes après les autres toutes les planètes du système solaire. Au centre de ce qui aura été le Soleil et son cortège de planètes restera une toute petite étoile, une naine blanche, ancien cœur du Soleil actuel, contracté et refroidi.

Ce sera la fin du Soleil et de la Terre, mais non pas la fin des temps, car le Soleil n'est qu'une étoile parmi les 200 milliards d'étoiles de notre galaxie… D'ici là, l'humanité aura sans doute découvert les moyens de s'installer autour d'une étoile plus jeune ! Les ressources humaines sont immenses, et l'instinct de survie des hommes, envers et contre tout, n'est pas près de se rompre. Le rôle que nous devons jouer dans l'Univers ne se retrouve-t-il pas justement dans cet instinct de survie ?

---

1. Le calcul du budget solaire peut se faire de la manière suivante : la fusion des 10^{56} noyaux de combustible peut fournir en tout 10^{44} joules. La puissance rayonnée est de 4×10^{26} watts (1 watt équivaut à 1 joule par seconde) soit environ 10^{34} joules par an (il y a un peu plus de 30 millions de secondes dans une année). Le combustible solaire représente donc un capital pour une durée de 10^{10} ans, soit 10 milliards d'années.

La suite des temps

Nous avons évoqué le passé de l'Univers. Quel est son avenir ? Pour bien comprendre les enjeux, il est nécessaire d'avancer plus à fond dans l'étude de l'espace cosmique. Les astrophysiciens ne connaissent pas encore l'avenir de l'Univers, mais ils savent dans quelles directions chercher pour mieux le cerner.

Les calculs montrent que, dans le cas le plus simple, deux solutions sont possibles : ou bien l'Univers est fini – on dit aussi qu'il est « fermé » –, ou bien il est infini – on dit alors qu'il est « ouvert »[1]. Dans le premier cas, l'expansion ne continuera pas éternellement. Après avoir atteint sa dimension maximale, l'Univers se repliera sur lui-même jusqu'à retrouver un état de très grande densité et de très grande température : le *Big Crunch*. Dans le deuxième cas, au contraire, rien n'arrêtera l'expansion qui durera indéfiniment.

A la limite entre ces deux possibilités correspond le cas particulier de l'Univers « euclidien », ainsi nommé parce qu'on peut lui appliquer à grande échelle la géométrie mise au point par Euclide au IIIe siècle avant J.-C. (dans tous les autres cas la géométrie d'Euclide ne représente qu'une approximation locale). Nous ne savons pas si l'Univers est euclidien, mais nous pouvons calculer ce que devrait être sa densité moyenne s'il l'était. Les observations du décalage spectral des galaxies suffisent pour la déterminer. A notre époque, on trouve environ 10^{-29} gramme par centimètre cube. Cette valeur est appelée « densité critique ».

1. D'autres types d'Univers seraient possibles, plus complexes. Par exemple l'Univers pourrait être à la fois ouvert et fini s'il était « multiconnexe », ce qui représenterait une complication supplémentaire. De tels modèles deviendraient importants s'ils permettaient d'expliquer les observations mieux que les modèles les plus simples. Ce n'est pas le cas pour l'instant.

Un grand nombre d'astrophysiciens contemporains essaient de déterminer précisément la valeur réelle de la densité de l'Univers. Si on la trouve égale à la densité critique, l'Univers est euclidien. Si elle est plus faible, l'Univers est ouvert, sinon il est fermé. Qu'en savons-nous actuellement ?

Matière noire

Les observations des galaxies montrent que la densité réelle dans l'Univers actuel est d'au moins 10^{-31} gramme par centimètre cube, mais on ne sait pas encore si elle peut ou non atteindre la valeur critique. Les astrophysiciens calculent les masses des objets célestes à partir de leurs vitesses. Les planètes, les étoiles, les galaxies, les amas de galaxies, tous les objets astronomiques ont en effet des mouvements gérés par la gravitation universelle, avec des vitesses qui dépendent de leur masse.

Il est possible de déterminer la masse de tout un amas de galaxies considéré comme un seul objet et aussi, indépendamment, la masse de chacune des galaxies qui le composent. Apparaît alors une première difficulté, mise en évidence autour des années 1970 : si l'on additionne les masses de toutes les galaxies visibles d'un amas, on trouve un résultat plus petit que la masse globale de l'amas considéré comme un tout ! Il faut donc se rendre à l'évidence : il existe à l'intérieur de ces amas une quantité importante de *matière noire*, c'est-à-dire de la matière qui n'est pas détectée directement lorsqu'on observe le rayonnement des galaxies. L'étude précise de la rotation des galaxies sur elles-mêmes conduit à la même conclusion.

Nous connaissons maintenant une partie de cette matière noire, qui se présente sous forme de gaz invisible en optique. On le met en évidence parce qu'il émet des rayons X lorsqu'il est très chaud, ou parce qu'il absorbe une partie de la lumière qui nous vient des objets très lointains. Il existe aussi probablement un grand nombre de planètes invisibles, ou d'étoiles mortes, ou encore de trous noirs, qui peuvent concentrer une partie de la matière noire. Des expériences sont en cours pour dénombrer ces objets célestes appelés « machos » (MAssive Compact Halo Objects). Ils sont invisibles directement, mais peuvent être détectés par la perturbation qu'ils provoquent dans le rayonnement d'étoiles lointaines lorsqu'ils passent entre elles et nous.

La densité de matière visible dans l'Univers est donc de l'ordre de 10^{-31} gramme par centimètre cube, cent fois plus faible que la densité critique. Si l'on inclut la matière noire connue, elle peut atteindre une valeur cinq fois plus grande. L'univers est-il ouvert, ou bien existe-t-il dans l'espace une autre matière encore inconnue de nous ?

Mirages

Imaginez une photo du ciel prise avec un grand télescope dans la direction d'un amas de galaxies. Vous y distinguez des dizaines de galaxies de toutes sortes, des spirales, des elliptiques, des galaxies bizarres dont la forme étrange fait penser qu'elles ont subi entre elles une ou plusieurs collisions… Mais voilà qu'en plein milieu de cette faune, vous découvrez un superbe arc de cercle lumineux, légèrement bleuté, presque aussi parfait que dessiné au compas !

Cet arc lumineux, c'est un mirage. Il s'agit d'une galaxie très lointaine, tellement lointaine qu'on ne la voit pas directement. Elle se trouve en fait derrière l'amas de galaxies, deux fois plus loin environ. S'il n'y avait pas de matière entre cette galaxie lointaine et nous, elle apparaîtrait comme une petite tache lumineuse très faible perdue dans l'immensité. Mais le trajet des rayons lumineux est modelé par leur traversée de l'amas de galaxies, son image est agrandie et arrondie en arc de cercle !

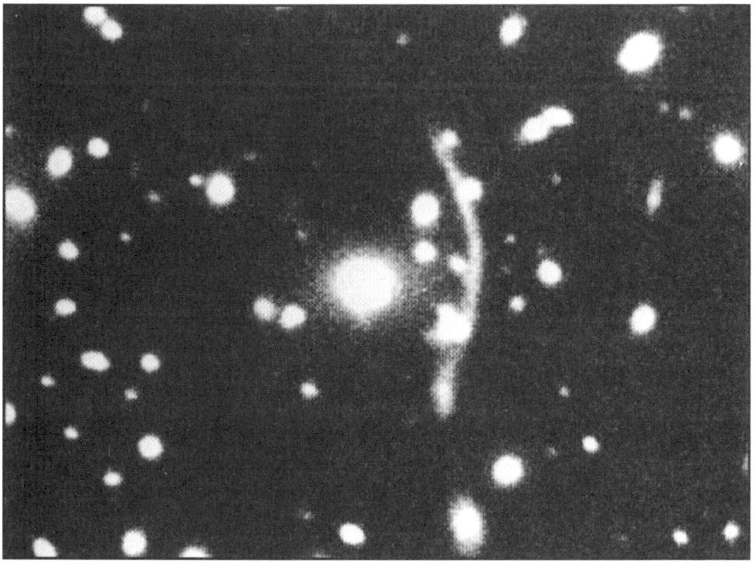

5.1. Arc d'Einstein.

Cette figure représente l'image observée d'un amas de galaxies. Les galaxies sont trop éloignées pour que leur structure soit visible : elles apparaissent comme des taches lumineuses. Au milieu de l'amas se dessine un arc de cercle spectaculaire. Il s'agit d'un arc gravitationnel, ou arc d' Einstein, image déformée d'une galaxie située derrière l'amas, deux fois plus loin.

Depuis leur première observation en 1984, plusieurs grands arcs et de très nombreux petits arcs, appelés « arclets », ont été détectés. Leur étude doit permettre de calculer précisément la quantité de matière présente dans l'espace.

Pour comprendre ce phénomène, rappelons l'hypothèse d'Einstein, confirmée de façon spectaculaire par les observations. Contrairement aux idées de Newton, Einstein estime qu'il ne se produit pas d'attirance directe entre deux masses. Il préfère décrire l'effet de la gravitation comme une déformation de l'espace. Le Soleil, par exemple, imprime un « creux » dans l'espace environnant, de la même manière qu'une boule posée sur une membrane de caoutchouc la déforme. La différence, c'est que le

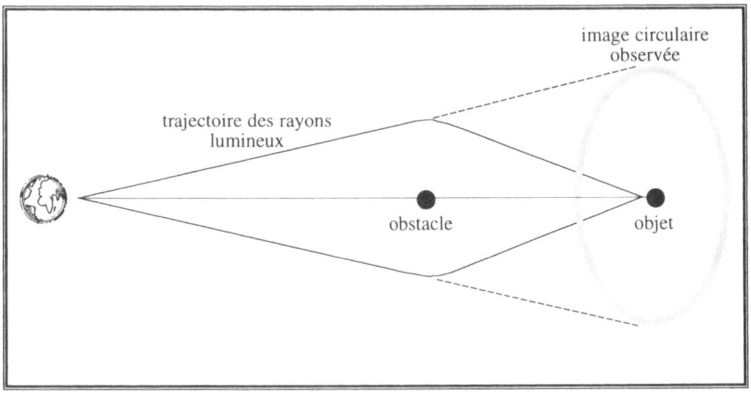

5.2. Explication des arcs d'Einstein.

Les rayons lumineux en provenance de la galaxie lointaine (objet) sont déviés par l'amas (obstacle). C'est ce que l'on appelle une lentille gravitationnelle. Si l'objet et l'obstacle étaient parfaitements alignés, le cercle serait complet. Dans la réalité, on observe un arc de cercle.

creux provoqué par la boule est aisément concevable pour nous, et même directement visible, car il s'agit de la déformation d'un espace à deux dimensions (la membrane). Le creux du Soleil ne peut pas être visualisé par notre cerveau, car c'est notre espace à trois dimensions qui est déformé : pour le visualiser, il faudrait une quatrième dimension ! Les autres objets qui passent à proximité – planètes, comètes, etc. – se déplacent dans cet espace courbé par le Soleil. C'est la raison pour laquelle leur trajectoire n'est pas droite.

Les rayons lumineux sont eux aussi déviés lorsque leur trajectoire passe près d'un objet massif. Cette prédiction d'Einstein a été vérifiée dès 1919 lors d'une éclipse totale de Soleil. Quand le disque du Soleil est entièrement caché par la Lune, on peut voir les étoiles en plein jour. Si l'on observe deux étoiles situées de chaque côté du Soleil lors d'une éclipse, elles paraissent plus éloignées l'une de l'autre que lorsqu'on les observe la nuit dans les conditions habituelles. C'est ce que l'on appelle une illusion d'optique ! Celle-ci est due à la présence du Soleil qui courbe les

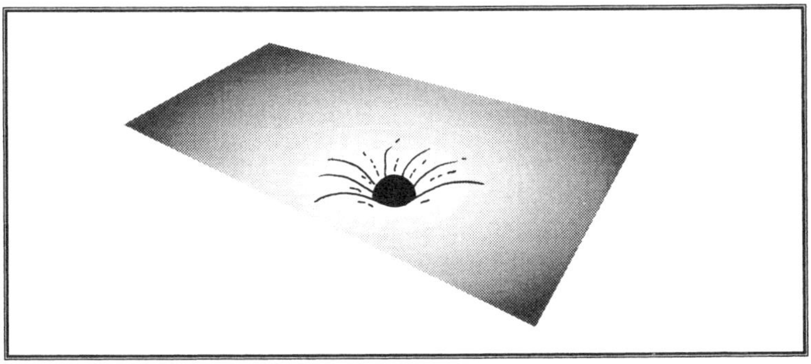

5.3. Déformation de l'espace par une masse.

Le Soleil et les étoiles déforment l'espace de la même manière qu'une boule de pétanque déforme une membrane élastique sur laquelle elle est posée.

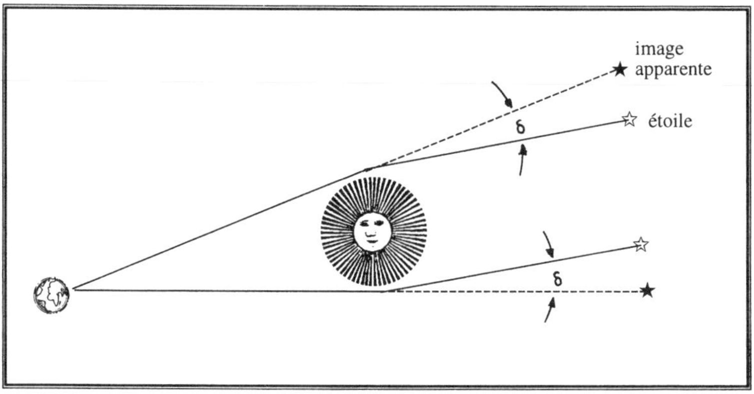

5.4. Mirages d'étoiles.

Au cours d'une éclipse totale de Soleil, deux étoiles situées de chaque côté paraissent plus éloignées l'une de l'autre qu'elles ne le sont en réalité. Cet effet est dû à la déviation des rayons lumineux au voisinage du Soleil.

rayons lumineux en provenance des étoiles. Si on ne le sait pas, on pense que la lumière s'est propagée en ligne droite et les étoiles nous semblent plus éloignées qu'elles ne le sont en réalité. C'est un mirage !

Espaces courbes

L'Univers tout entier est un espace courbe, et son évolution future dépend directement de cette courbure. On le compare souvent à une sphère ou à une selle de cheval. Que signifient ces images ?

Le problème principal, lorsque nous voulons essayer de comprendre l'Univers et son évolution, c'est que notre imagination prend appui dans un espace à trois dimensions : celui où nous évoluons et dans lequel travaille notre cerveau. Comment concevoir ce que nos sens ne peuvent percevoir ?

Nous sommes incapables de nous représenter par l'image un espace comportant plus de trois dimensions. Ces notions ne peuvent être abordées correctement qu'avec l'aide des mathématiques, outil extraordinaire pour notre propre représentation de la réalité. Sans les mathématiques, nous resterions dans un cocon d'ignorance, qui nous laisserait petits et fragiles face au monde.

Nous pouvons aussi procéder par analogies, ou par métaphores. C'est ce que nous avons fait en comparant le Soleil à une boule posée sur une membrane de caoutchouc. Les analogies sont extrêmement utiles pour rendre compte des phénomènes et chercher à les expliquer. Mais elles peuvent aussi conduire à des contresens et il faut les manipuler avec précaution.

Dimensions

Tout ce qui nous entoure comporte trois dimensions, comme nous : longueur, largeur, hauteur, ou l'équivalent. On peut approximativement considérer une feuille de papier comme une surface, avec seulement une longueur et une largeur, mais regardez dans un microscope une lamelle finement découpée de la même feuille de papier : vous découvrirez une structure très complexe dans le sens de l'épaisseur, que vous ne pourrez plus négliger.

De même si vous voyez un de ces tout petits insectes appelés aoûtats posé sur votre jambe par une belle journée d'été, il vous donnera l'impression d'un point noir, mathématiquement à « zéro dimension ». Mais vous sentirez bien vite à la démangeaison qui en résultera qu'il s'agit d'un phénomène plus complexe qu'un simple point. Une étude au microscope, ici encore, vous le confirmerait sans aucun doute.

Tout cela n'est qu'une question de résolution de l'image : vu d'avion, c'est vous-même qui apparaissez comme un point sans aucune dimension ! Même à travers les plus puissants télescopes, les étoiles sont vues comme des points lumineux. On sait pourtant qu'il s'agit, comme le Soleil, de sphères géantes qui ont des diamètres cent, mille, dix mille fois plus grands que celui de la Terre.

Nous sommes prisonniers de nos trois dimensions, auxquelles nous ne pouvons pas échapper, où que nous tournions notre regard. Il va bien falloir pourtant, pour comprendre ce que signifie la courbure de l'Univers, prendre du recul et sauter dans l'au-delà de nos habitudes de pensée. Pour y parvenir, nous allons d'abord réfléchir au sens de la courbure d'un espace à deux dimensions, puis essayer de transposer tout cela dans un espace à trois dimensions.

Flatland

Flatland (Terreplate), c'est le titre d'un roman fantastique écrit en 1884 par un prêtre anglican, Edwin A. Abbott. Il imagine un monde qui n'aurait que deux dimensions, c'est-à-dire un monde qui serait limité, en tout et pour tout, à une surface. Sur cette surface vivent des êtres géométriques intelligents : des

Triangles, des Carrés, des Polygones... Les plus élevés dans la hiérarchie sont les Cercles, suivis des Polygones : plus le nombre de côtés est faible, moins l'individu a de puissance sociale. Au plus bas de l'échelle se trouvent les soldats (des Triangles très pointus) et, à l'extrême limite, sans aucune épaisseur : les femmes, sous forme de Segments de droite !

Le héros principal du roman est un Carré, qui se trouve être un intellectuel. Il faut préciser que sur Flatland règne un brouillard permanent, ce qui permet aux sens aiguisés de ses habitants de reconnaître immédiatement, par la visibilité de ses contours, le type de personnage auquel ils ont affaire. Sans ce brouillard qui estompe les lignes avec la distance et crée ainsi un effet de profondeur, il serait impossible de distinguer, par exemple, un Carré d'un Triangle !

Or il se trouve qu'un jour notre héros le Carré distingue un petit Cercle en face de lui, qui se met à grandir, prend une dimension maximale, puis rétrécit et disparaît. Il s'agit d'une Sphère qui traverse l'espace plat du Carré. Comme le Carré est intelligent – bien qu'il ne soit pas au sommet de la hiérarchie où se trouvent, j'oubliais de le mentionner, les ecclésiastiques... –, il réussit, après toutes les difficultés que l'on peut imaginer et par un très gros effort de pensée, à accepter l'idée qu'il existe une troisième dimension. Malheureusement, comme tout bon scientifique, il n'a qu'une envie : partager sa découverte avec ses congénères. C'est là que commencent tous ses ennuis : incompréhension, suspicion de folie, et finalement prison. Et lorsque le Carré, qui a réussi cette extraordinaire démarche d'appréhension d'une autre dimension, suggère à la Sphère qu'il existe peut-être une quatrième dimension dont elle n'a pas conscience, elle le refuse catégoriquement !

Cette histoire a été reprise et son sens approfondi par Rudy Rucker[1]. Alors que le Carré se trouve en prison, imagine-t-il, la Sphère a une idée de génie. Elle propose au Carré de le retour-

1. *La Quatrième Dimension*, éd. du Seuil, 1984.

ner, en lui faisant traverser la troisième dimension. Ainsi, pense-t-elle, les habitants de Flatland seront bien obligés de se rendre à l'évidence et d'accepter l'existence de cette troisième dimension. Il faut imaginer que retourner un Carré dans Flatland, cela équivaudrait, pour nous, à se faire retourner comme un gant dans une quatrième dimension et à se retrouver au même endroit qu'avant, mais tout le dedans dehors : viscères, etc., et réciproquement. Le résultat est une telle horreur pour les habitants de Flatland que la Sphère se dépêche de remettre le Carré à l'endroit !

Jeux de ficelle

Essayons d'être plus intelligents et plus ouverts que la Sphère de Flatland, qui refusait pour son monde à elle ce qu'elle avait pris tant de temps à expliquer au monde inférieur du Carré. Pour cela, nous allons nous appliquer à comprendre ce que représente un espace courbe à une ou deux dimensions, puis, sans pouvoir vraiment le visualiser, nous plongerons dans l'idée fantastique qu'un espace à trois dimensions, comme le nôtre, peut aussi être courbe !

Imaginons tout d'abord une ligne bien droite, bien rectiligne. Par exemple un fil tendu entre deux clous fichés dans une planche. Le fil constitue un espace à une dimension. Pratiquement, si l'on veut repérer n'importe quel point du fil il suffit de connaître un nombre et un seul : sa distance à une origine, par exemple l'un des clous. On peut marquer au stylo rouge le point situé à trois centimètres du clou gauche. Ce point est unique : aucun point autre que celui-ci ne se trouve situé à trois centimètres du clou gauche.

Supposons maintenant que le fil ne soit pas bien tendu, et qu'il ondule entre les deux clous, tout en reposant sur la planche.

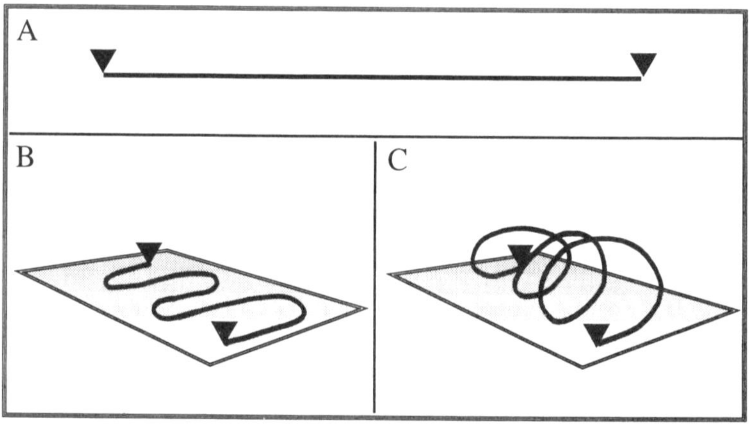

5.5. Jeux de ficelle.

Le schéma A représente un fil tendu. C'est un espace à une dimension. Tout point du fil peut être repéré par une seule valeur, par exemple sa distance à l'une des extrémités.
Dans le schéma B, le fil n'est plus tendu, mais il repose sur une planche. Le fil lui-même constitue toujours un espace à une dimension, mais l'espace de la planche, à deux dimensions, est nécessaire pour décrire sa courbure.
Dans le cas du schéma C, la courbure du fil se développe en dehors de la planche : ici, c'est l'espace tout entier, à trois dimensions, qui est nécessaire pour décrire sa courbure.

Il constitue toujours lui-même un espace à une dimension, car on peut toujours repérer n'importe quel point par la longueur de fil entre ce point et l'un des clous. Le point marqué en rouge existe toujours et il est toujours repéré par le fait qu'il y a trois centimètres de fil entre lui et le clou gauche. Mais à présent cet espace à une dimension n'est plus rectiligne, il est courbe.

Si nous voulons décrire la courbure du fil, nous ne pouvons plus le faire dans une seule dimension. Nous avons maintenant besoin de la surface de la planche. Nous y dessinons le cercle qui, au point rouge, s'identifie le mieux au fil. C'est le cercle bitangent. Son rayon est, par définition, le rayon de courbure du fil en ce point particulier. On appelle précisément « courbure » l'inverse de ce rayon.

Si le fil fait une boucle dans l'espace au-dessus de la planche, il devient nécessaire pour l'étudier d'utiliser une troisième dimension, celle correspondant à la hauteur. Essayez donc de décrire la courbure d'un tire-bouchon sans faire appel à l'espace complet, à trois dimensions !

Montagnes et vallées

Peut-être avez-vous l'habitude de faire des randonnées en montagne. Peut-être même avez-vous déjà escaladé quelques sommets. La première étape consiste en général à atteindre un col, passage d'altitude entre deux vallées. L'arrivée au col, c'est la récompense de l'effort, l'ouverture vers un monde nouveau, qui s'étend loin sous le regard, sur l'autre versant, vers l'inconnu. Il arrive bien souvent que l'on s'assoie au beau milieu du col, pour se reposer et grignoter quelques fruits séchés bien mérités.

Un col de montagne présente une courbure bien caractéristique. Si l'on marche le long du col, vers l'un ou l'autre côté, on monte vers les hauteurs. Au contraire, perpendiculairement au col, on descend vers l'une des deux vallées adjacentes. C'est la définition d'une surface de courbure négative : dans une direction, elle est courbée dans un sens – vers le ciel –, et dans la direction perpendiculaire, elle est courbée dans l'autre sens – vers la Terre.

A présent vous atteignez un sommet et vous vous asseyez tout en haut. Regardez autour de vous : cela descend de tous les côtés ! Un sommet de montagne est une surface de courbure positive. Elle est toujours courbée dans le même sens, quelle que soit la direction.

Une montagne présente en fait autant de surfaces de courbure négative – les flancs de la montagne, là où elle se raccorde

5.6. Cols et sommets.

Un sommet de montagne est une surface de courbure positive, un col est une surface de courbure négative. Si l'on dessine sur la terre un cercle dont le centre se trouve au sommet de la montagne, le périmètre du cercle est plus petit que sur une surface plane. Au contraire, si le centre du cercle se trouve au col, le périmètre est plus grand.

à la plaine ou à une autre montagne – que de surfaces de courbure positive – les parties hautes et le sommet. Il est intéressant d'y réfléchir plus en détail.

Cercles au sommet

Vous vous trouvez au sommet de la montagne, avec une corde et un piton. Imaginez que vous plantiez le piton au point le plus haut et que vous y accrochiez la corde, dont vous connaissez la longueur – par exemple 10 mètres. Vous dessinez un grand cercle sur le sol, avec l'aide de cette corde, autour du sommet. Comme un rond de sorcière. Vous entreprenez maintenant de mesurer le périmètre du cercle. Vous avez toujours appris que le périmètre d'un cercle est égal à 2πR où R est son rayon. Mais ici le périmètre que vous mesurez est visiblement plus petit ! C'est que le périmètre d'un cercle dessiné sur une surface de courbure positive est plus petit que celui d'un cercle de même rayon dessiné sur une surface plane !

Vous redescendez à présent au col, pour y faire la même expérience. Vous plantez votre piton juste au centre du col. Vous accrochez la corde, vous la tendez bien, et vous dessinez le cercle tout autour – vous pouvez, par exemple, le matérialiser avec des pierres. Qu'allez-vous obtenir lorsque vous allez mesurer le périmètre de ce cercle ? Vous devinez certainement déjà la réponse : le résultat, cette fois-ci, sera un nombre plus grand que 2πR. C'est que votre cercle n'est pas « plat », il est dessiné sur une surface gondolée ! Le périmètre d'un cercle dessiné sur une surface de courbure négative est plus grand que celui d'un cercle de même rayon dessiné sur une surface plane.

La Terre est ronde !

Une autre façon de dire que la Terre est ronde, c'est de dire que la Terre est une surface de courbure positive (presque) constante. Evidemment cela semble plus rapide et plus facile de dire qu'elle est ronde, mais c'est moins précis, et moins riche pour notre propos.

Nous allons nous arrêter sur quelques conséquences de la courbure terrestre auxquelles nous sommes habitués, mais qui sont pourtant bien étonnantes. Cela nous sera utile pour comprendre ensuite les modèles possibles de l'Univers.

Souvenons-nous tout d'abord de l'exploit de Philéas Fogg,

dans *Le Tour du monde en 80 jours.* Nous sommes bien habitués maintenant à l'idée de faire le tour du monde, et bien plus rapidement que le héros de Jules Verne. Et pourtant cela signifie que si nous partons dans une direction, toujours tout droit, sans dévier, nous finirons par nous retrouver à notre point de départ en arrivant de la direction opposée ! N'est-ce pas étrange à première vue ?

Par ailleurs, la plus courte distance sur Terre d'un point à un autre s'obtient en suivant non pas une ligne droite – il n'y a pas de ligne droite sur une sphère, mais un *grand cercle*, c'est-à-dire un cercle dont le centre est aussi le centre de la sphère. C'est ainsi que lorsqu'on se déplace en avion de Paris à Tokyo par l'ouest, en survolant l'Amérique, on remonte très au nord, au-dessus de l'Alaska. Ce n'est pas un détour, au contraire : on suit le chemin le plus court !

Imaginons que vous vous installiez en un point du globe terrestre, disons au pôle Nord – mais c'est la même chose partout – et que, de là, vous traciez un cercle de grand rayon sur le sol autour de vous. Le périmètre du cercle, dessiné sur la sphère, sera plus petit que celui d'un cercle de même rayon dessiné sur un plan, comme au sommet de la montagne. Si vous continuez à dessiner des cercles concentriques avec des rayons de plus en plus grands, leur périmètre sera aussi de plus en plus grand… jusqu'à ce que votre cercle corresponde précisément à l'équateur. A ce moment-là, le rayon du cercle sera égal au quart du méridien terrestre, et la surface – ou aire – intérieure au cercle correspondra exactement à l'hémisphère Nord.

Si vous continuez l'expérience avec des cercles de rayons encore plus grands, il va se passer des choses étonnantes. Au-delà de l'équateur, le périmètre des cercles concentriques deviendra de plus en plus petit. Finalement, lorsque le rayon sera égal à la moitié du méridien terrestre, le cercle se réduira à un point, de périmètre nul : le pôle Sud ! La surface intérieure à ce « cercle » sera alors la surface de la Terre entière.

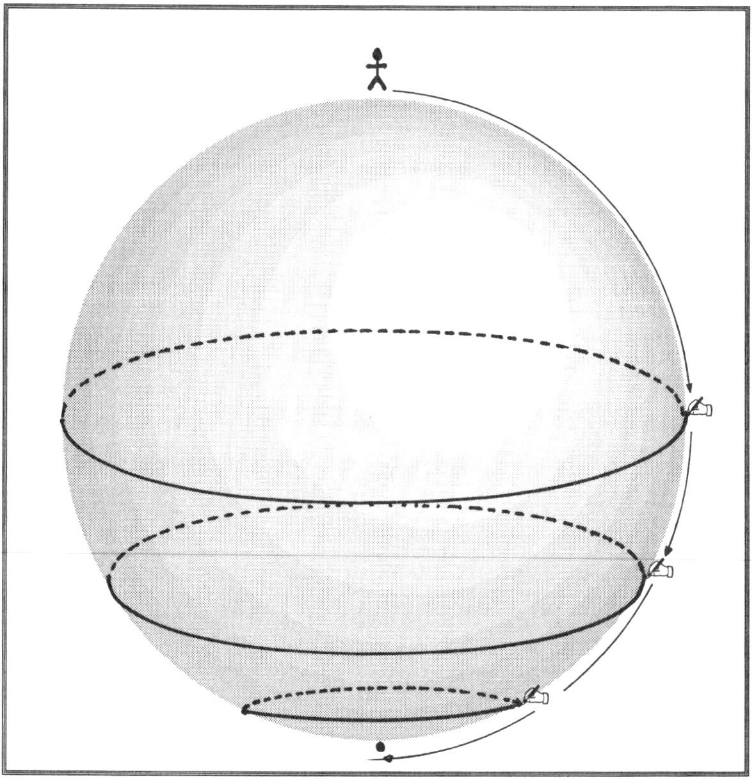

5.7. Cercles sur une sphère.

Le bonhomme debout au pôle Nord dessine des cercles autour de lui à l'aide d'une très longue corde. S'il peut augmenter suffisamment la longueur de la corde, il parviendra à l'équateur, cercle de périmètre maximum. Pour nous, qui l'observons de l'extérieur, le centre de l'équateur est le centre de la Terre. Mais pour le bonhomme, qui ne sait pas à priori qu'il se trouve sur une sphère, le rayon du cercle qu'il est en train de dessiner est mesuré par la longueur de la corde, et il en est lui-même le centre. S'il continue à allonger la corde, il dessine des cercles dont le périmètre diminue, jusqu'à devenir un point aux antipodes... alors que le rayon n'est pas nul!
Il s'agit ici d'une des propriétés d'une surface de courbure positive constante. Si le bonhomme est intelligent, il doit être capable, à partir de ces observations, d'en déduire sur quel type d'espace il évolue.

Espaces finis illimités

Imaginons la Terre comme une boule bien lisse, sans creux ni bosses. Sa surface est celle d'une sphère : $4 \pi R^2$. Avec un rayon de (approximativement) 6 500 kilomètres, on obtient 530 millions de kilomètres carrés. C'est donc une surface finie, et pourtant sans limites ! On peut en faire le tour autant de fois qu'on le souhaite, on ne rencontre jamais de bord. Un espace peut être fini ou infini, c'est une chose. Il peut avoir ou non des limites, c'est autre chose. Un espace peut être fini et sans limites : tout dépend de sa courbure.

En fait, imaginer la Terre comme une boule lisse, c'est une approximation. Cela revient à gommer les montagnes et les vallées. Si l'on en tient compte, la surface calculée est plus grande. Mais nous nous heurtons alors à un problème d'échelle : jusqu'à quels détails pouvons-nous tenir compte du relief ? Entre les montagnes on trouve des mamelons, des collines, des buttes, des bosses et des creux. A des échelles encore plus petites, ce sont des mottes de terre ou des cailloux, et encore des aspérités. Une minuscule portion regardée au microscope aura encore une allure déchiquetée. Rien n'est jamais lisse !

La reproduction d'un même phénomène à des échelles de plus en plus petites est du domaine d'un vaste champ d'études contemporain : les fractales. La surface de la Terre peut être considérée comme un espace fractal. De la même manière, il est tout à fait possible que l'Univers soit un espace fractal. L'avenir nous permettra certainement de mieux cerner cette question.

Modèles d'Univers

L'histoire de Flatland est très instructive. Il n'est pas trop difficile de se mettre à la place de ses habitants, et d'essayer de percevoir ce que pourrait être pour eux la notion d'une troisième dimension de l'espace. Abbott a d'ailleurs imaginé, pour nous aider dans notre démarche, que son héros le Carré essayait lui-même de comprendre la vie de personnages linéaires, vivant dans un espace à une dimension. Il se demandait comment ceux-ci pouvaient imaginer une deuxième dimension !

A notre tour maintenant d'essayer de comprendre ce que signifie la courbure de l'Univers. Si notre cerveau avait quatre dimensions au lieu de trois, nous saurions visualiser cette courbure. Mais ce n'est pas le cas. Alors nous devons à nouveau recourir à des analogies. Rudy Rucker, dans son livre *La Quatrième Dimension*, a discuté cette question en détail et d'une manière amusante. On peut y trouver, entre autres, le dessin d'un personnage vivant dans un espace à quatre dimensions, qui traverserait notre propre espace !

Essayons d'imaginer les propriétés de l'Univers au cas où sa courbure serait positive. Son volume serait alors fini, mais l'espace n'aurait pas de limite. En partant toujours droit devant soi, au cours d'un voyage intersidéral, on finirait par se retrouver au point de départ en arrivant de la direction opposée ! Par ailleurs la surface d'une sphère et son volume intérieur seraient plus petits que dans un espace euclidien. Et si l'on augmentait le rayon d'une sphère centrée sur nous, on verrait sa surface passer par un maximum puis rediminuer jusqu'à devenir nulle à l'antipode de l'espace : ce serait l'équivalent, avec une dimension supplémentaire, du périmètre d'un cercle dessiné sur la Terre.

Au contraire, si l'Univers avait une courbure négative, il serait infini. La surface d'une sphère et son volume intérieur seraient plus grands que dans un espace euclidien, de la même manière que le cercle dessiné autour d'un col en montagne est plus grand qu'un cercle de même rayon dessiné sur un plan.

Ainsi, un univers fermé a une courbure positive, un univers ouvert une courbure négative. L'univers euclidien a une courbure nulle, c'est pourquoi on peut lui appliquer globalement la géométrie d'Euclide.

Et le temps dans tout ça ?

Existe-t-il une échelle de temps unique d'évolution de l'Univers ? C'est une hypothèse introduite dès le début dans la théorie. L'existence d'un temps cosmique n'est pas vraiment prouvée, mais elle se trouve confirmée d'une manière cohérente par les observations : le décalage vers le rouge du spectre des galaxies correspond bien à ce que l'on attend si l'expansion de l'Univers se produit d'une manière identique dans tout l'espace.

Les calculs montrent que si l'Univers est fermé (et donc fini), son volume atteindra un maximum, à une époque qui dépend de sa densité. C'est en effet la matière contenue dans l'Univers qui ralentit son expansion : plus la densité est grande, plus l'effet de la gravitation est important, et plus vite l'expansion est ralentie. Si l'Univers est ouvert (et donc infini), son expansion durera indéfiniment. Nous savons que sa densité est plus faible dans le cas d'un Univers ouvert que dans le cas d'un Univers fermé. La limite entre les deux correspond à la densité critique.

Comment savoir si l'Univers est ouvert ou fermé ? Une manière serait de déterminer directement si sa courbure est positive ou négative, mais elle est malheureusement trop faible pour pouvoir être mise en évidence directement. Une autre manière consiste à détecter le ralentissement de l'expansion, par les observations des galaxies les plus lointaines observables. Cette mesure est possible, mais les résultats n'ont pas encore la précision voulue pour pouvoir conclure. Plus simple est de mesurer la densité actuelle de l'Univers et de la comparer à la valeur critique de l'Univers euclidien. Ici se pose à nouveau le problème de la *matière noire*, ou de la *masse cachée.*

Le Big Crunch est peu probable

La densité de l'Univers obtenue à partir du rayonnement des galaxies est environ 100 fois plus faible que la densité critique. Si l'on inclut la matière noire connue, elle reste encore environ 20 fois inférieure à cette densité. Il est en fait étonnant que la densité observée soit si proche de la densité critique sans lui être égale. Ce n'est pas impossible, mais c'est étrange. En effet, les calculs montrent qu'une toute petite différence entre la densité réelle et la densité critique irait s'amplifiant au cours du temps. Pourquoi observer une densité seulement 20 fois plus faible que la valeur critique, plutôt que 1 million, 1 milliard, ou 1 000 milliards de milliards de fois ?

Les théories contemporaines de l'Univers primordial, en particulier les théories d'inflation, prédisent que la densité de l'Univers doit correspondre exactement à la densité critique. Inversement, la formation des éléments chimiques que nous connaissons n'a pu se produire qu'avec une densité environ 20 fois plus faible. Cette question a suffisamment d'importance pour que les astrophysiciens, contemplateurs de l'infiniment grand, et les physiciens des particules, contemplateurs de l'infiniment petit, s'en préoccupent ensemble.

Existe-t-il une *masse cachée* dans l'Univers, autre que la *matière noire* déjà connue ? Pour concilier les théories d'inflation avec la formation des éléments, il faudrait que cette matière supplémentaire soit totalement différente de celle que nous connaissons et qu'elle n'interagisse pas avec les noyaux atomiques. Si c'était le cas, le monde que nous observons et dont nous faisons partie ne serait qu'une perturbation dans un Univers composé pour 95 % de matière totalement inconnue de nous !

Des expériences délicates sont actuellement mises en œuvre pour essayer de détecter cette sorte de matière étrange. Jusqu'à présent aucun résultat positif n'a été obtenu. Il n'est donc pas possible de savoir si l'Univers est ouvert ou s'il est euclidien. Mais en aucun cas il n'est fermé. L'univers euclidien, comme un Univers ouvert, ne doit jamais se recontracter. Ainsi nos connaissances actuelles prédisent, dans tous les cas, que l'expansion de l'Univers ne cessera jamais. Le Big Crunch est une hypothèse théorique intéressante, mais très peu probable dans la réalité.

Espoir

Beaucoup de gens aimeraient que l'Univers soit fermé. L'infini est effrayant parce que incompréhensible. Un Univers fermé apparaît alors comme un cocon rassurant.

Pour ma part, je suis bien satisfaite que l'Univers reste ouvert sur l'infini. Imaginez seulement que l'astronome Edwin Hubble, avec son grand télescope du mont Wilson, ait découvert que toutes les galaxies se rapprochent au lieu de s'éloigner ? Ne serait-ce pas l'horreur ? Tout l'espace qui se rétracte, la version moderne du ciel qui nous tombe sur la tête, la vision de la fin du monde que l'on pourrait en plus dater comme on peut dater le Big-Bang… Voilà ce qui nous arriverait, à plus ou moins long terme, si l'Univers était fermé. Alors, ne vaut-il pas mieux qu'il soit ouvert ? N'est-ce pas une ouverture sur l'espoir ?

On a vu fleurir des scénarios peu engageants sur l'avenir de l'Univers dans le cas où il serait ouvert. Il est clair qu'il continuerait à se refroidir indéfiniment, mais il ne faut pas se faire trop de souci à ce sujet, car l'Univers ne peut jamais atteindre une température nulle, sauf en un temps infini. Les variations deviennent de plus en plus lentes au cours du temps.

Les étoiles seraient toutes éteintes, dit-on, au bout de 10^{27} ans et toute la matière finirait par se condenser en trous noirs, ces « astres occlus » d'où la lumière elle-même ne peut pas sortir. Serait-ce la fin de tout ? Non, puisque les trous noirs eux-mêmes finissent par s'évaporer et rejeter vers l'extérieur toute la matière qu'ils contiennent. C'est très long (10^{67} ans pour un trou noir de la masse du Soleil), et la matière qui ressort n'a plus aucune structure. Mais n'était-ce pas déjà le cas à l'origine des temps ?

Il reste encore beaucoup de mystères à percer dans notre étude de l'Univers, mais l'avenir est avec nous, car tout espoir est permis lorsqu'on a l'infini devant soi !

6

Le hasard et l'évolution

« On dirait parfois
que nous sommes au centre de la fête.
Cependant
au centre de la fête il n'y a personne.
Au centre de la fête c'est le vide.

Mais au centre du vide il y a une autre fête. »
Roberto Juarroz, *Douzième poésie verticale*

Ce matin ma chatte est venue se frotter tranquillement contre moi, selon son habitude, puis s'est couchée sur le côté dans l'attente d'une caresse. Je me suis allongée à côté d'elle sur le tapis de haute laine et je l'ai regardée dans les yeux, pénétrée une fois de plus de cet immense étonnement devant le mystère de la vie. Que pouvait-il bien se passer dans cette petite tête ? C'est alors qu'insensiblement et subrepticement les rôles se sont inversés. Ce n'était plus moi qui fixais ma chatte, c'était elle qui me regardait droit dans les yeux, sans ciller. Mon regard s'est détourné quelques secondes : le sien n'a pas dévié. Je l'ai doucement appelée par son nom : ses yeux se sont fixés quelques instants sur mes lèvres puis se sont incrustés à nouveau dans les miens. C'est moi qui ai démissionné la première. J'ai regardé ailleurs et je me suis levée, très troublée. J'imaginais ma chatte en train de se demander : « Mais que peut-il donc se passer dans cette grosse tête ? »

Qui suis-je ?

Pourquoi suis-je moi ? Qu'est-ce qui fait que je suis née moi et pas une autre ? Ma mère me parlait souvent dans mon enfance de son mariage avec mon père. Dans d'autres circonstances, j'aurais pu épouser un autre homme, me disait-elle, mais alors tu ne serais pas ma fille… Réflexion bien lourde à porter pour une enfant ! Il semble difficile d'échapper au fait que nous sommes sur Terre par hasard. Notre vie tout entière est une succession de hasards. Mais n'y a-t-il que cela ?

La science en elle-même ne peut pas répondre à la question du sens de ma propre vie. Nul ne pourra jamais m'expliquer pourquoi j'existe. Mais ce que la science peut m'expliquer, en revanche, c'est l'évolution générale du monde, cet Univers auquel j'appartiens et dont je suis issue. A moi ensuite de me forger ma propre philosophie à partir de ces connaissances, et de donner un sens à ma vie.

« La vie est belle »

Les découvertes récentes en paléontologie montrent que l'évolution des espèces ne s'est pas faite de façon continue. Dans son livre *La vie est belle*[1], Stephen Jay Gould combat les idées bien établies d'une progression linéaire de l'évolution, du singe à l'homme, qui émerge d'abord petit et courbé, et qui se redresse peu à peu jusqu'à atteindre le summum, l'*Homo sapiens sapiens*, c'est-à-dire nous-mêmes. Dans la réalité, l'évolution n'a certai-

1. Éditions du Seuil, coll. « Science ouverte », 1989.

nement pas ressemblé à cette image d'Epinal : de nombreuses espèces très différentes de toutes celles que l'on connaît à notre époque ont existé et ont entièrement disparu. On en retrouve des traces dans un site très riche en fossiles, et qui présente la particularité d'avoir préservé les parties molles des animaux, ce qui est très rare : il a probablement fallu un phénomène très rapide, une catastrophe naturelle, pour permettre à ces petits corps d'être ainsi protégés. Il s'agit du site de Burgess, en Colombie britannique. Stephen Jay Gould décrit, par exemple, cet extraordinaire animal appelé *opibania* qui, vivant il y a 500 millions d'années, n'avait pas moins de cinq yeux ! Nul animal à cinq yeux n'existe de nos jours, en tout cas sur Terre.

L'évolution des espèces ne s'est pas faite comme un arbre, dont les branches, bien solides, seraient parties d'un seul tronc bien enraciné dans le sol, et se seraient ensuite divisées en autant de rameaux qu'il existe d'espèces différentes sur Terre actuellement. Elle s'est déroulée plutôt comme un buisson, en désordre, avec de nombreux bourgeonnements de tous côtés, des brindilles dont la plupart sont mortes sans enfanter, des essais fructueux ou infructueux, beaucoup de hasard. Loin d'être l'aboutissement d'un long processus de progression, nous ne sommes qu'un embranchement de petite importance, peut-être appelé à disparaître. « Nous ne sommes peut-être qu'un rameau imprévu, une sorte d'accident cosmique. » Cette idée, poussée à l'extrême, peut conduire à refuser toute notion de progrès.

Le fait est que, pour beaucoup de gens, c'est « tout ou rien » : ou bien l'espèce humaine représente la finalité du monde, l'aboutissement suprême de l'évolution, ou bien son existence n'a pas de sens. L'homme est orgueilleux. Il voudrait toujours se croire supérieur au reste de l'Univers et le dominer entièrement. Il lui est difficile de replacer modestement son existence dans un contexte évolutif, sans pour autant négliger la valeur profonde de l'individu. C'est pourtant l'acceptation de ce paradoxe, l'équilibre de ces pensées apparemment contradictoires, qui peut apporter à l'espèce humaine le sentiment profond de sa plénitude.

Au commencement était le chaos

L'existence de l'homme s'inscrit dans une histoire, même s'il n'en est pas le centre, une histoire vieille de 10 à 15 milliards d'années. Notre relation au cosmos est extraordinairement plus profonde que tout ce que l'imagination humaine pouvait laisser supposer avant l'ère des découvertes scientifiques.

Tout a commencé dans le chaos de l'Univers primordial. Dès les premiers instants, des milliards d'années avant la naissance de l'étoile-Soleil et de son cortège de planètes, débutait le processus fondamental qui allait finalement conduire aux éléments dont nous sommes constitués. L'Univers était alors très chaud, très dense et homogène. Il comprenait des photons de lumière et toutes sortes de particules de matière que nous connaissons mais qui, pour la plupart, ne peuvent plus exister normalement dans les conditions de notre monde actuel : elles sont recréées et étudiées dans les *grands accélérateurs* de particules.

L'évolution de la matière et l'élaboration de la complexité dans l'Univers se sont déroulées de façon inexorable et déterminée, en raison de la diminution progressive de la densité et de la température au cours du temps. Les éléments ultimes que nous connaissons actuellement, les quarks, se trouvaient à l'état libre dans l'Univers primordial. Ils se sont regroupés par deux ou par trois au cours du refroidissement. Ce sont les regroupements par trois qui nous intéressent le plus, car ils ont conduit aux protons et aux neutrons, les constituants de base du noyau atomique, et donc de la matière ordinaire. Cela s'est produit 10^{-12} seconde après la singularité primordiale, au moment où la température a passé le seuil de 10 000 milliards de degrés (10^{13} kelvins).

Un proton, c'est tout simplement un noyau d'hydrogène. Si un proton rencontre un neutron et s'ils restent ensemble, ils forment un noyau de deutérium, ou d'hydrogène lourd. Cela n'a pu se produire que lorsque la température est descendue au-dessous de 10 milliards de degrés. Lorsqu'il fait plus chaud, le proton et le neutron sont arrachés l'un à l'autre. L'Univers n'avait alors qu'une seconde... et le refroidissement continuait.

La plupart des noyaux de deutérium formés ont pu ensuite capturer un autre proton, puis un autre neutron, pour donner de l'hélium. Une infime partie de cet hélium, pas plus d'un milliardième, a encore réussi à grandir en s'accolant à un autre proton et deux autres neutrons pour former l'élément chimique suivant : le lithium. Et c'est la fin de la première partie de l'histoire, une centaine de secondes seulement après le début...

A partir de cette époque, il ne faisait plus assez chaud pour que ces réactions de fusion nucléaire – car c'est bien de cela qu'il s'agit – puissent continuer. L'Univers comprenait alors uniquement les éléments chimiques les plus légers : l'hydrogène et le deutérium, l'hélium et le lithium. Les éléments plus lourds se sont formés par la suite, au cœur brûlant des étoiles.

La formation des éléments légers constitue l'un des points forts de la théorie du Big-Bang. Sans cette étape primordiale, il est impossible d'expliquer leur existence actuelle dans les proportions observées. Il existe en moyenne un atome d'hélium pour 10 atomes d'hydrogène dans le monde. C'est beaucoup plus que ce que les étoiles ont pu fabriquer depuis qu'elles existent, mais cela correspond précisément aux résultats obtenus au cours des premiers instants de l'Univers. Les valeurs calculées pour les autres éléments sont cohérentes, elles aussi, avec les quantités mesurées.

Lorsque l'enfant, avec mille précautions, tient entre ses mains son beau ballon rouge gonflé d'hélium, c'est une parcelle de Big-Bang qu'il embrasse ainsi !

Le billard des origines

Dans ses premiers instants l'Univers était homogène. Comment a-t-il pu ensuite se structurer en amas de galaxies, en galaxies et en étoiles ? La réponse à cette question n'est pas simple, et elle mobilise un grand nombre de chercheurs en astrophysique. L'idée de base cependant n'a rien de mystérieux.

Imaginez un immense billard, absolument parfait en ce sens qu'il n'y a aucune aspérité, aucun défaut sur le tapis, et qu'il est parfaitement horizontal. Supposez que vous ayez à votre disposition un très grand nombre de boules. Vous les lancez une par une au hasard et vous attendez qu'elles s'arrêtent. Vous examinez ensuite l'ensemble des boules sur le billard. Il serait extrêmement surprenant qu'elles se trouvent à égale distance les unes des autres, comme aux nœuds d'un filet ! Si cela se produisait, vous penseriez immédiatement que quelqu'un les a placées là malgré vous.

Sans intervention extérieure, il y aura évidemment des endroits où les boules seront plus rapprochées les unes des autres, et des endroits où elles seront plus espacées. C'est un pur effet du hasard. Si le tapis est parfait vous ne pourrez pas savoir à l'avance en quels endroits les boules seront plus proches et en quels endroits elles seront plus distantes ; mais ce que vous saurez de façon certaine, c'est que cela se produira quelque part !

Le hasard agit ainsi au niveau local – si vous êtes une boule, c'est par hasard que vos voisines seront près ou loin de vous – , alors que le résultat collectif est déterminé – nous savons qu'il y aura des boules dont les voisines seront proches et d'autres dont les voisines seront loin. Le hasard et la nécessité ne sont donc pas contradictoires, car l'un peut se produire au niveau individuel et local, l'autre au niveau collectif. C'est une notion fondamentale, qui concerne l'évolution de l'Univers à toutes les échelles et tous les niveaux de complexité.

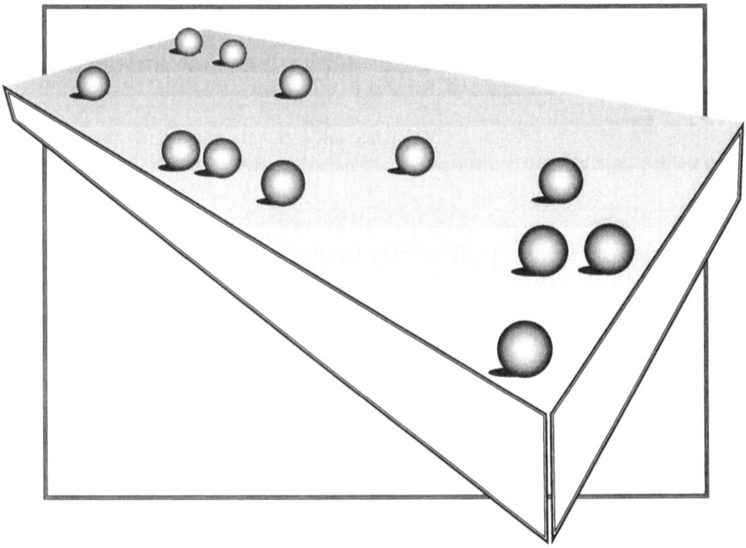

6.1. Boules de billard lancées au hasard.

Si on lance des boules de billard au hasard sur une surface parfaitement horizontale et sans aspérités, il y aura finalement des boules plus rapprochées les unes des autres et d'autres plus éloignées. Une disposition régulière ne pourrait se produire qu'à l'aide d'une intervention extérieure.

L'ordre émerge du chaos

L'Univers primordial contient toutes sortes de particules qui se déplacent au hasard dans tous les sens. Comme sur la surface du billard, il se trouve à chaque instant des endroits où les particules sont plus rapprochées, et d'autres où elles sont plus éloignées. C'est alors que la gravité entre en jeu. Il peut arriver que, au hasard des fluctuations, une région plus dense que les autres s'effondre sous l'effet de son propre poids : une structure nouvelle est née !

Cela ne pourrait pas se produire sans le caractère cumulatif de l'interaction gravitationnelle. Une masse de matière concentrée en attire d'autres, et plus la masse grossit, plus l'effet augmente. Le phénomène peut ainsi devenir catastrophique : c'est l'effondrement gravitationnel.

Seule l'interaction gravitationnelle présente cette particularité d'être cumulative et de pouvoir provoquer des effondrements à grande échelle. L'interaction électrique, par exemple, se comporte différemment parce qu'il existe deux charges électriques de signes opposés – alors qu'il n'existe qu'une seule masse. Un objet de charge électrique positive attire les objets de charge négative. Mais alors les influences des deux charges s'annulent mutuellement et plus rien ne se produit !

Ainsi, grâce à la gravité, la formation de structures à partir du chaos est un phénomène naturel. La situation est cependant plus complexe dans l'Univers, car cette formation a dû se produire dans un espace en expansion et non dans un espace statique. Il est plus difficile et plus long de rassembler de la matière dans un espace qui se dilate que dans un espace au repos !

Comment l'Univers s'est-il débrouillé ?

La lumière en provenance du chaos primordial montre que la densité de matière était remarquablement homogène à l'époque où elle a été émise, quelques centaines de milliers d'années après le Big-Bang.

Actuellement, ce rayonnement est observé dans le domaine des ondes radioélectriques. Son maximum d'intensité se situe à une longueur d'onde d'environ 2 millimètres. Il correspond à une température précisément mesurée, remarquablement constante, dans toutes les directions, de 2,73 degrés absolus. Il est cependant possible à présent, grâce aux expériences spatiales, d'y détecter des variations de un cent millième de degré[1] !

Par ailleurs, les spectres des galaxies les plus lointaines montrent qu'elles existaient déjà un milliard d'années après le Big-Bang. Or les calculs de formation des structures dans l'Univers en expansion prédisent que, dans ces conditions, les fluctuations du rayonnement primordial devraient être d'au moins un dix millième de degrés, dix fois plus que ce qui est observé[2]. Comment l'Univers s'est-il débrouillé ?

Il est nécessaire d'affiner nos connaissances pour mieux comprendre ces événements importants de l'évolution. Les calculs théoriques montrent que la formation des structures s'expliquerait mieux si l'Univers était plus dense que ce que l'on déduit simplement des observations de galaxies : on rejoint ici le problème de la matière noire ! Par ailleurs, plusieurs projets de nouveaux satellites sont actuellement en cours dans le but d'essayer de détecter des fluctuations de plus petites échelles dans le rayonnement primordial. C'est un domaine d'études très actives, et l'avenir proche apportera certainement un monceau d'informations nouvelles.

Fourmilières galactiques

La formation des étoiles à l'intérieur des galaxies ressemble à la formation des galaxies dans l'Univers, mais à une autre échelle.

---

1. Ce résultat est obtenu après correction de l'*anisotropie dipolaire*. Il s'agit d'un faible décalage des longueurs d'onde observé dans une direction précise, dû à notre propre mouvement par rapport à l'ensemble de l'Univers. Le rayonnement cosmologique constitue ainsi un repère de référence pour tous les mouvements y compris le nôtre ! La vitesse mesurée de cette manière est d'environ 600 kilomètres par seconde.

2. De plus les fluctuations observées actuellement correspondent à des quantités de matière beaucoup plus importantes que celle des galaxies.

La matière est plus dense dans les galaxies qu'à l'extérieur et elle est retenue par sa propre gravité, ce qui fait qu'elle ne subit plus l'effet d'expansion : les forces gravitationnelles qui lient entre eux les atomes et les molécules sont plus fortes que la dilatation spatiale.

De plus, le milieu galactique est très mouvementé à cause de la rotation, des collisions, des explosions d'anciennes étoiles, des grands vents de particules, de toutes sortes de phénomènes qui peuvent conduire à des accumulations de matière, à des effondrements gravitationnels, à des naissances de nouvelles étoiles.

A ses débuts, une galaxie est très probablement sphérique et elle tourne sur elle-même. Une première génération d'étoiles se forme par *fractionnation* du gaz galactique, c'est-à-dire par un phénomène de fluctuations instables comme celles que nous avons déjà décrites. Il est possible que presque tout le gaz de la galaxie se transforme ainsi en étoiles, ou seulement une petite partie. S'il ne reste plus de gaz entre les étoiles, la galaxie garde sa forme sphérique, ou devient ellipsoïdale sous l'effet de sa rotation. C'est ce que l'on appelle une galaxie elliptique. S'il reste beaucoup de gaz, celui-ci se condense en gigantesques nuages interstellaires qui se cognent les uns aux autres et perdent de l'énergie. L'ensemble finit alors par s'aplatir sous forme d'un disque, dans le plan équatorial de la galaxie initiale. La forme de disque correspond en effet à l'état d'énergie minimale pour un tel système gazeux en rotation.

C'est ainsi que s'est formée notre propre galaxie. Les plus vieilles étoiles, les premières-nées, qui ont maintenant plus de 10 milliards d'années, sont encore observées dans ce que nous appelons le *halo galactique,* immense sphère de 100 000 années-lumière de diamètre, reste diaphane de ce que fut la galaxie à l'origine.

Mais la partie la plus visible de notre galaxie actuelle, c'est le disque. Il contient des centaines de milliards d'étoiles, plus jeunes que les étoiles du halo, dont notre Soleil, avec ses 4,6 milliards d'années. Il contient aussi, encore maintenant, d'immenses nuages de gaz : les nébuleuses, bien connues des astronomes amateurs. Ce sont par exemple la *nébuleuse d'Orion,* la *nébuleuse du Trèfle,* la *nébuleuse de la Tête de cheval,* etc. Tous ces nuages de gaz sont des berceaux pour de nouvelles étoiles qui naissent par effondrement gravitationnel. Les jeunes étoiles rayonnent beaucoup, elles éclairent le gaz qui les entourent, et c'est grâce à elles que les nébuleuses sont si jolies.

Et il s'en forme toujours de nouvelles ! Comme dans une fourmilière à l'activité incessante, les étoiles se créent dans la galaxie, évoluent et disparaissent. Comme dans une fourmilière, elles travaillent patiemment à construire une grande œuvre. Cette œuvre-ci est vraiment immense : il s'agit du monde auquel nous appartenons et dont nous sommes issus !

Enfants des étoiles

Notre corps est fait de cellules vivantes, elles-mêmes constituées d'assemblages de molécules très complexes. Les molécules sont des regroupements d'atomes, qui comprennent chacun un noyau atomique et des électrons. Les noyaux atomiques sont faits de protons et de neutrons, eux-mêmes comprenant trois quarks. En l'état actuel de nos connaissances, la hiérarchie s'arrête à ce niveau. Nous ne savons pas si les quarks sont sécables.

Les noyaux atomiques nécessaires à notre existence ne viennent pas de l'Univers primordial. Il a fallu que des milliards et des milliards d'étoiles construisent patiemment, pendant des milliards d'années, le carbone et les autres éléments dont notre corps est constitué. Il a fallu ensuite que ces éléments, ces *briques de base,* se lient entre eux d'une manière de plus en plus complexe pour finalement arriver à ce que nous sommes… et cette évolution ne s'arrêtera probablement pas à nous !

C'est que la fourmilière galactique travaille sans discontinuer.

Dès qu'une étoile se forme, après l'effondrement du gaz interstellaire, sa pression interne la stabilise et elle prend sa forme définitive de sphère de gaz incandescente. Elle continue cependant à se contracter avec lenteur, car c'est le seul moyen pour elle d'équilibrer l'énergie qu'elle rayonne – c'est son *métabolisme* à elle ! Dans le même temps, sa température interne croît. Cette période de jeunesse se termine après quelques millions d'années – une paille quand la durée de vie totale de l'étoile est de 10 milliards d'années ! C'est alors que l'étoile commence à faire son travail de fourmi : sa température centrale est en effet devenue suffisante pour que débutent les réactions nucléaires.

L'hydrogène de l'étoile se transforme d'abord en hélium, qui s'ajoute à celui déjà présent depuis l'Univers primordial. Plus tard l'hélium se transforme en carbone, azote, oxygène, et de proche en proche en éléments de plus en plus lourds. A la fin, l'étoile, épuisée, explose si elle est très massive, ou bien se redissout simplement dans le gaz interstellaire. Dans le premier cas, il restera au centre une petite *étoile à neutrons* très dense, dont le très fort champ magnétique pourra engendrer un pulsar ; dans le deuxième cas, il restera une petite étoile *naine blanche*. Dans tous les cas, une grande partie de la matière qui se trouvait dans l'étoile primitive se retrouve mélangée au gaz interstellaire et vient le nourrir en éléments lourds. De là naîtront de nouvelles étoiles qui reprendront vaillamment le flambeau !

Pouce !

Le ballet des étoiles et de la matière interstellaire nous entraîne dans un étourdissant maelström cosmique, un jeu extravagant qui nous concerne tous. Ce tourbillon qui nous affole est terriblement lent par rapport à une vie humaine. L'extrême lenteur peut paraître aussi étourdissante que la plus rapide des vitesses !

Reprenons nos marques. Lorsque j'étais enfant, on disait : « Pouce ! », et on levait le pouce bien haut pour signifier son désir d'arrêter momentanément le déroulement d'un jeu trop intense. Retour en soi-même, reprise de ses propres forces, concentration, respiration, inspiration ! Il paraît, selon André Gide[1], que Paul Valéry se moquait de ce qu'on nomme « inspiration ». Il ne croyait pas à la Muse des romantiques. Valéry aurait, dit toujours André Gide, facilement adopté le mot de Flaubert : « L'inspiration ? Ça consiste à se mettre tous les jours devant sa table à la même heure. »

Mais revenons à notre pouce levé bien haut devant nos yeux. Je vous propose de le regarder intensément, profondément, avec une grande concentration... et de vous dire : « Il y a là-dedans, dans cette partie de moi-même, des atomes de carbone, d'oxygène, d'azote, et bien d'autres... tous ont été fabriqués dans une étoile ! » Réellement, concrètement, tous les noyaux de ces atomes se sont trouvés à une époque lointaine au cœur brûlant d'une étoile. Et ils y retourneront très probablement dans un lointain avenir, car le Soleil les soufflera avec ses propres atomes quand, dans 5 milliards d'années, il ira se dissoudre partiellement dans la matière interstellaire, d'où jailliront de nouvelles étoiles.

Oxygène

On explique souvent que l'oxygène que nous respirons a été « fabriqué par les plantes » au cours de la photosynthèse. Il y a là une ambiguïté qu'il importe de lever. Qui a fabriqué l'oxygène du cosmos ? Ce ne sont pas les plantes, ce sont les étoiles !

Quel est donc le rôle des plantes, et d'où vient cette ambiguïté ? L'oxygène dont nous avons besoin pour vivre, c'est en

1. Dans *Feuillets d'automne*, Gallimard, 1980.

réalité une molécule composée de deux atomes d'oxygène atomique. Il existe aussi des molécules composées de trois atomes d'oxygène atomique : c'est l'ozone, un poison pour l'homme mais qui a la bonté, dans la haute atmosphère terrestre, de nous protéger des rayons ultraviolets nocifs du Soleil.

L'oxygène atomique peut se lier de très nombreuses façons avec d'autres atomes pour former des molécules. Un atome d'oxygène avec deux atomes d'hydrogène, cela donne de l'eau ; deux atomes d'oxygène avec un atome de carbone, cela donne du gaz carbonique ; deux atomes d'oxygène sans rien d'autre, c'est ce qu'on appelle justement, dans le langage courant, l'oxygène, mais qu'il vaut mieux appeler, pour plus de précision, *oxygène moléculaire*, ou encore *gaz oxygène*.

Alors, quel est donc le rôle des plantes ? C'est de dissocier l'eau en permettant de dégager l'oxygène moléculaire dont nous avons besoin pour vivre, tout en fabriquant des molécules organiques complexes – le glucose en particulier – à partir de gaz carbonique, d'hydrogène et d'oxygène atomiques.

Pour cela les plantes utilisent l'énergie du Soleil[1]. Les photons de la lumière solaire excitent les électrons de la molécule appelée *chlorophylle*. Lorsqu'ils se désexcitent, ces électrons déchargent l'énergie acquise, qui permet de dissocier l'eau et de fabriquer les molécules plus complexes.

Lorsque nous mangeons des plantes, ou des animaux qui se sont nourris de ces plantes, nous assimilons leurs molécules organiques. Par ailleurs, nous respirons l'oxygène moléculaire libéré par la dissociation de l'eau. Une fois dans nos cellules, cet oxygène dissocie à son tour les molécules que nous avons absorbées, en particulier le glucose, pour libérer l'énergie dont nous avons besoin pour vivre. Le gaz carbonique et la vapeur d'eau que nous expirons sont les sous-produits de cette dissociation. Cet ensemble de processus est le *métabolisme* : quand il est bien réglé,

1. Voir, par exemple, l'ouvrage de Joël de Rosnay, *L'Aventure du vivant*, éd. du Seuil, 1988.

nous devons consommer exactement ce dont nous avons besoin pour rester en bonne santé.

Finalement nous passons notre temps, en collaboration avec les plantes, à recycler des ingrédients qui ont été fabriqués dans des étoiles. Au cours de ce recyclage les plantes récupèrent l'énergie lumineuse en provenance du Soleil et nous la transmettent sous forme d'énergie chimique. C'est cette énergie et nulle autre qui nous permet de vivre, de croître et d'embellir. Nous nous nourrissons de l'énergie solaire !

Les étoiles sont bêtes !

Ne serions-nous que des poussières d'étoiles[1] ? Certes non ! Le plus petit de tous les hommes est infiniment plus complexe que la plus énorme de toutes les étoiles ! Il est vrai que les hommes et les étoiles sont faits de la même matière, et que cette matière a été fabriquée dans les cœurs stellaires. Mais les étoiles sont bêtes parce qu'elles sont trop désordonnées. L'intelligence humaine n'aurait pas pu se développer sans une organisation extrême de la matière, rendue possible grâce aux interactions fondamentales entre les particules.

Je vous propose une petite expérience de chimie. Il s'agit de fabriquer de l'eau à partir de deux gaz, l'hydrogène et l'oxygène, mélangés dans un récipient. Une étincelle est provoquée pour aider la réaction à se produire. Des gouttelettes de vapeur d'eau se déposent alors sur les parois. Qu'est-ce que l'eau ? Un corps, liquide à la température ordinaire, composé de molécules dont la formule, bien connue, s'écrit H_2O. Que s'est-il passé au cours de l'expérience ? Les ingrédients de base, les atomes d'hydrogène et d'oxygène, n'ont pas changé, mais ils se sont liés entre eux d'une manière particulière. Chaque atome d'oxygène s'est asso-

1. Titre d'un beau livre d'Hubert Reeves (éd. du Seuil).

cié à deux atomes d'hydrogène pour former une molécule d'eau. Les propriétés finales de l'eau sont totalement différentes des propriétés des deux gaz de départ. On aurait bien du mal à vivre en respirant de l'eau et en buvant de l'oxygène !

C'est ainsi qu'une organisation différente des mêmes atomes conduit à une émergence de propriétés nouvelles. A tous niveaux, les propriétés des corps dépendent tout autant de la manière dont leurs éléments de base sont agencés que de ces éléments eux-mêmes. Depuis les quarks jusqu'à l'acide désoxyribonucléique – l'ADN de nos chromosomes –, des systèmes de plus en plus complexes se sont construits par l'adjonction de systèmes plus simples. Toutes les étapes ne nous paraissent pas encore compréhensibles. Les plus mystérieuses sont d'ailleurs les plus récentes : celles qui ont conduit à la vie. Les liaisons internes des molécules qui nous constituent sont connues, mais elles sont tellement complexes que leur élaboration à partir de molécules plus simples semble encore un vrai miracle.

A toutes les étapes de l'évolution, l'émergence de propriétés nouvelles ne peut se faire qu'à la condition de perdre les propriétés des éléments individuels utilisés au départ. Pour obtenir de l'eau, il est nécessaire de renoncer aux propriétés de l'hydrogène et de l'oxygène qui servent à sa fabrication. Cette constatation, très générale, s'applique aussi à l'évolution des espèces, et peut nous conduire à une réflexion plus approfondie sur la signification et la nécessité de la mort[1].

Interactions fondamentales

Il semble que le monde dont nous faisons partie soit intégralement régi par quatre *interactions fondamentales* – appelées parfois

1. Cf. chapitre 8.

forces fondamentales : les interactions gravitationnelle et électromagnétique, ainsi que les interactions dites « forte » et « faible ».

L'interaction gravitationnelle est responsable de la formation des galaxies et des étoiles auxquelles nous devons notre existence. Elle a besoin d'une grosse accumulation de matière pour présenter un effet important.

L'interaction électromagnétique rassemble l'électricité et le magnétisme, qui sont deux manifestations différentes du même phénomène[1]. C'est elle qui retient les électrons autour du noyau atomique et permet aux atomes de s'assembler entre eux pour former des molécules.

Les deux autres interactions concernent les très petites dimensions : celles du noyau atomique et de ses composants. L'interaction forte permet la cohésion des noyaux d'atomes : elle relie les quarks entre eux, et elle assemble les protons et les neutrons. Cet assemblage est extrêmement solide : il faut une force énorme pour casser un noyau atomique. C'est pour cette raison que cette interaction est tout simplement appelée « forte ».

L'interaction faible régit la radioactivité : c'est grâce à elle que les protons peuvent se transformer en neutrons et inversement. Elle libère les neutrinos, ces particules impalpables qui peuvent traverser toute la Terre sans même la remarquer. Si les neutrinos sont si difficiles à détecter, c'est justement parce qu'ils interagissent si peu avec la matière. D'où le nom d'interaction « faible ».

Les échanges créent des liens

Que signifie ce mot d'*interaction* ? Il est composé de *action* et *inter*. C'est quelque chose qui agit, et qui se passe entre des objets

1. Cela fut démontré à la fin du XIXe siècle par le physicien James C. Maxwell.

différents. C'est donc un échange. Lorsqu'on interagit avec d'autres personnes, les échanges peuvent être constructifs ou destructeurs, mais dans tous les cas ils tissent des liens. Il en va de même pour les interactions fondamentales de la nature.

Imaginez deux aimants identiques en forme de fer à cheval, posés sur une table. Vous les placez dans le bon sens et suffisamment près pour qu'ils s'attirent mutuellement. Que se passe-t-il ? Les deux aimants se collent l'un à l'autre ! Il n'y a plus deux objets différents, mais un objet unique, en forme d'anneau aplati. Ils sont liés par l'interaction électromagnétique.

Si l'on veut séparer les deux aimants, on doit tirer dessus, c'est-à-dire fournir de l'énergie. En d'autres termes, lorsque les aimants se sont liés, leur énergie a diminué. Il faut la leur restituer pour les séparer.

Ce résultat est général : le même phénomène se produit pour toutes les interactions. Lorsqu'il s'agit de l'interaction forte, qui relie les particules à l'intérieur du noyau atomique, l'énergie en question s'appelle énergie nucléaire ! Par exemple la masse – ou énergie – d'un noyau d'hélium est plus faible que la somme des masses de ses composants pris séparément. Pour détruire un noyau d'hélium et séparer les protons et les neutrons qui le constituent, il faut fournir une grande énergie.

Au cœur brûlant du Soleil se forment continuellement de nouveaux noyaux d'hélium. L'énergie libérée par cette fusion est récupérée et véhiculée vers l'extérieur par des photons de lumière… Et c'est une partie de cette énergie qui, finalement, se transforme en nourritures terrestres !

Qui échange quoi ?

Qui échange quoi au cours d'une interaction fondamentale de la nature, et comment cela se passe-t-il ? Le cas le mieux connu

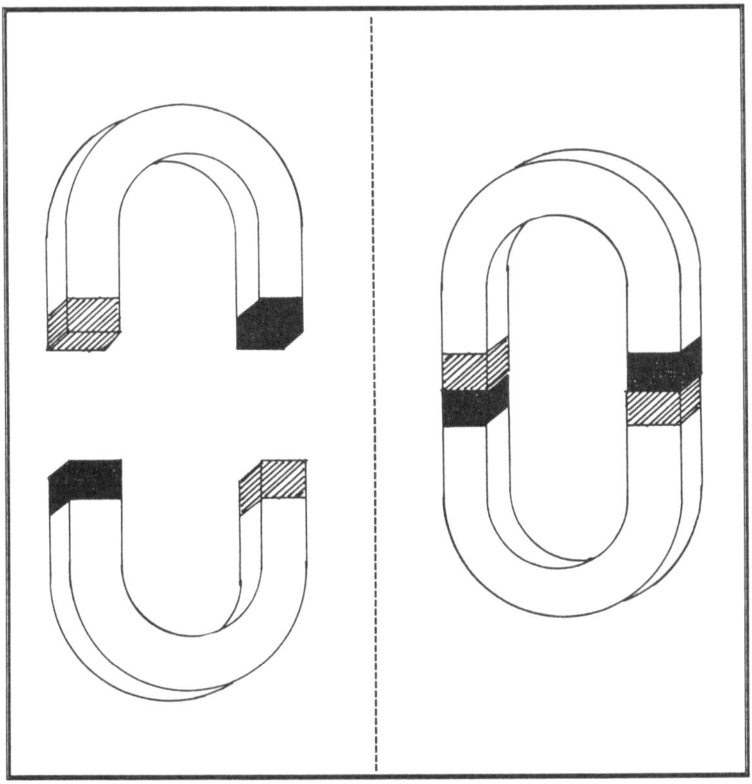

6.2. Deux aimants en fer à cheval.

Lorsque les deux aimants sont accolés, ils ne forment plus qu'un seul objet, comme un anneau aplati. Pour récupérer les deux aimants séparément, il faut fournir de l'énergie.

est celui de l'interaction électromagnétique. Deux particules chargées électriquement échangent des photons, visibles ou non suivant leur énergie.

Je suis certaine qu'il vous est déjà arrivé, comme à moi, d'avoir quelques petits problèmes avec des vêtements synthétiques. Ils « collent » à la peau. Surtout s'ils ont été séchés dans un séchoir rotatif. Tout le monde croit savoir pourquoi : on dit qu'ils sont « chargés d'électricité ». Mais pourquoi la peau les attire-t-elle ?

C'est que nous sommes nous-mêmes régis par l'interaction électromagnétique, puisque nous sommes faits de molécules. L'influx nerveux qui circule dans le corps et qui fait que le bras se lève à l'appel du cerveau relève aussi du domaine de l'interaction électromagnétique.

Mais revenons aux vêtements synthétiques. Si vous les secouez dans le noir, ils produisent de la lumière ! C'est parfois très joli, comme des étincelles. Ce que vous observez alors, ce sont les photons échangés par l'interaction électromagnétique à l'intérieur des tissus.

En réalité, tout ce qui est chargé électriquement et qui bouge rayonne. Or toute la matière que nous connaissons à notre échelle contient des électrons en mouvement. Donc toute cette matière rayonne, depuis les étoiles jusqu'aux cubes de glace du réfrigérateur en passant par nous-mêmes ! Si les étoiles rayonnent de la lumière visible et nous-mêmes de la lumière infrarouge, c'est simplement parce qu'elles sont plus chaudes que nous.

Gravité

Et l'interaction gravitationnelle ? Nous l'avons étudiée en détail dans le précédent chapitre, d'une tout autre manière. Nous n'avons pas alors parlé d'échange. Ce que nous avons supposé, selon la théorie d'Einstein, c'est que la présence d'un corps massif, le Soleil par exemple, courbe l'espace autour de lui. Les autres corps qui se trouvent à proximité, comme la Terre, décrivent des orbites dues au fait que l'espace est courbe.

Il y a mieux comme échange ! C'est comme si, dans la théorie d'Einstein, tout contact était évité entre les deux personnages qui interagissent. Comme s'il fallait prendre des gants pour ne pas se toucher. On ne s'envoie rien, on se contente de modifier l'environnement pour que l'autre s'en aperçoive d'une manière indirecte.

Et pourtant, selon la logique des interactions, une particule doit être échangée au cours de l'interaction gravitationnelle, avec émission d'ondes, comme pour la lumière. Cette particule n'est pas détectée, mais elle est étudiée d'une manière théorique. C'est le graviton. Les ondes correspondantes, ce sont les ondes gravitationnelles. Elles sont extrêmement faibles. Des instruments sont en cours de construction pour essayer de les détecter directement, en particulier un système européen baptisé *Virgo*.

Comment est-il possible qu'un même phénomène soit étudié de deux manières aussi différentes ? La théorie d'Einstein a permis de dévoiler en grande partie les rouages de l'évolution de l'Univers. C'est une approche « continue » : l'espace et le temps y sont traités de manière géométrique. La théorie des gravitons et des ondes gravitationnelles représente au contraire une approche « quantique ». Les gravitons sont des *quantas* de gravité comme les photons sont des *quantas* de lumière.

Lorsqu'on étudie l'Univers, d'une manière générale, la théorie continue de la gravité est une très bonne approximation. Ce n'est que dans les conditions extrêmes qu'il faut inclure la quantification. Ici apparaît le *temps de Planck* : c'est l'échelle de temps pour laquelle les effets quantiques de la gravité ne peuvent plus être négligés.

La forte et la faible

Qu'en est-il des deux autres interactions, la forte et la faible ? Elles échangent toutes les deux, chacune de leur côté, des particules que nous ne pouvons pas imaginer à notre échelle mais qui ont pu être détectées grâce à ces immenses instruments gigantesques que sont les *grands accélérateurs*. Les particules échangées par les quarks portent le nom suggestif de *gluons*. Pour l'interaction faible, ce sont les *bosons intermédiaires* Z et W, découverts au CERN[1] après avoir été prédits par la théorie.

Les particules échangées au cours des interactions forte et faible ont ceci de commun qu'elles ont une masse non nulle, ce qui n'est pas le cas du photon. Les physiciens ont fait une découverte intéressante à ce sujet : si la particule échangée au cours d'une interaction a une masse, alors cette interaction a une « portée » limitée, d'autant plus courte que la masse de la particule est grande. Cela signifie que les particules subissent l'interaction uniquement si elles sont très proches l'une de l'autre, à une distance inférieure à la portée. Dans le cas des interactions gravitationnelle et électromagnétique, la portée est infinie.

L'espoir des physiciens contemporains serait de démontrer que, dans les conditions extrêmes qui régnaient au début de l'Univers, les quatre interactions fondamentales n'en formaient qu'une seule. On sait déjà que, à grande température et grande densité, l'interaction faible et l'interaction électromagnétique se combinent en une seule interaction, dite *électrofaible*[2]. Si l'on arrivait à prouver que l'interaction forte les rejoint, ce serait la *grande unification*. Quant à l'interaction gravitationnelle, qui fait encore un peu trop bande à part, ils espèrent quand même un jour prouver qu'elle pouvait s'identifier aux autres dans les premiers instants de l'Univers. S'ils y arrivent, ils seront parvenus à ce que certains appellent la *théorie du tout* ! Mais nous en sommes encore loin.

---

1. Centre d'études et de recherches nucléaires de Genève. Cette découverte a valu le prix Nobel au physicien Carlo Rubbia en 1984.
2. Ceci fut démontré par Steven Weinberg, Abdus Salam et Sheldon Glashow, prix Nobel de physique 1979.

Émergences de l'Univers

L'étude des interactions fondamentales nous a emmenés bien loin dans le passé, jusqu'aux confins de l'Univers primordial. Émergeons à nouveau de ces abîmes vertigineux pour nous retrouver chez nous, sur Terre, après une dizaine de milliards d'années.

Les découvertes scientifiques vont bien au-delà de ce que pouvait concevoir l'imagination humaine. Bien avant que la Terre n'existe, les éléments primordiaux de l'Univers commençaient à se lier entre eux pour former des entités de plus en plus complexes. A chaque étape de cette lente construction de la complexité les rencontres se sont faites au hasard, mais l'évolution était globalement inéluctable.

Des polémiques s'élèvent depuis longtemps pour savoir si la vie a vraiment commencé sur la Terre ou si elle est venue de l'espace, sous forme de molécules transportées, par exemple, par des météorites. A mon avis ce n'est pas le plus important. Peu importe si la vie est apparue d'abord sur la Terre ou dans l'espace. Ce qu'il faut de toute manière expliquer, c'est l'émergence de la vie dans l'Univers. La vie, c'est l'affaire de l'Univers tout entier, pas seulement de la Terre. La vie est apparue dans l'Univers parce que l'Univers était mûr pour cela.

L'expérience nous a appris qu'une émergence arrive rarement en un seul endroit à la fois. Lorsqu'une idée géniale apparaît chez un groupe de chercheurs scientifiques quelque part sur la planète, il n'est pas rare que la même idée germe au même moment chez un autre groupe de chercheurs aux antipodes. Chacun croira ensuite que l'autre lui a pris son idée, mais ce n'est pas exact : c'est simplement que la communauté scientifique était mûre pour que l'idée jaillisse à ce moment-là.

Nous sommes des émergences de l'Univers. Il y en a peut-être d'autres ailleurs. Si l'homme ne représente pas sur Terre l'aboutissement d'une loi unique de l'évolution des espèces, s'il se trouve sur un rameau de l'évolution buissonnante, est-ce contradictoire avec la notion générale de progrès et d'évolution ? Je ne le pense pas.

Inconscient cosmique et créativité

Notre relation avec le cosmos me paraît fondamentale. L'inspiration représente peut-être cette communion privilégiée de l'individu avec l'Univers cosmique dans lequel nos racines plongent si profondément.

Nous sommes tous des résonances de l'Univers, des parcelles de cosmos qui y ont pris corps à une époque donnée au point d'atteindre un niveau de conscience inégalé, et qui s'y dissolveront à nouveau dans l'avenir. Notre vie, c'est précisément cette période de temps au cours de laquelle les éléments cosmiques en provenance des étoiles sont organisés d'une manière extrêmement complexe. C'est pendant ce temps-là et aucun autre que nous sommes appelés à jouer notre rôle d'êtres humains dans l'évolution cosmique.

Chacun d'entre nous, à sa manière et selon ses possibilités, passe une grande partie de sa vie à créer... des idées nouvelles, des objets nouveaux, des vies nouvelles. Et c'est à chaque fois source de plaisir et de jouissance. La jouissance serait-elle l'expression de cette union privilégiée avec l'ensemble de l'Univers ?

7

Le sens du temps

« Il sculptait ainsi fiévreusement des couples dans le sable mouillé tout juste découvert par le reflux... Il importait que l'œuvre fût achevée à l'instant de l'étale, car celle-ci devait être une parenthèse de repos et de méditation. Mais le grand moment, c'était le retour du flot et la terrible cérémonie de la destruction de l'œuvre. Destruction lente, minutieuse, inexorable, commandée par un destin astronomique... "Je célèbre la pathétique fragilité de la vie", disait-il. »

Michel Tournier, *Le Medianoche amoureux*

L'œuvre détruite. L'acte irrémédiable. L'objet construit avec tant d'amour, de peine, de joie, d'espoir, parfois de souffrance, l'objet aimé anéanti en un instant. Destruction parfois involontaire : le vase chinois de grand-mère, auquel elle tenait tant, éparpillé en « mille morceaux » sur le parquet à la suite d'un mouvement maladroit. Parfois volontaire : le geste immensément désespéré de Camille Claudel détruisant ses tendres et belles sculptures, ses propres créations, façonnées avec un génie aussi grand que celui de son maître et amant Auguste Rodin, un génie auquel la société n'avait pas laissé le droit de s'accomplir à sa juste valeur.

Je me souviens d'un artiste qui détruisait toutes ses œuvres aussitôt créées. Le souhait de détruire son œuvre représente, je crois, une pulsion commune à beaucoup d'artistes, mais peu d'entre eux le font effectivement, fort heureusement ! Celui-là détruisait tout au fur et à mesure et se justifiait en proclamant : « Qu'importe ! mes œuvres existent, puisqu'elles ont été créées ! » Cette attitude est interpellante, et peut conduire à une profonde méditation sur la signification de l'œuvre d'art : le regard des autres est-il nécessaire à son existence, ou bien existe-t-elle de par sa création même, parce qu'un être humain, à un moment donné de l'Histoire de l'Homme, lui a donné sa forme unique ?

Les œuvres de Camille Claudel existent encore. Elles se retrouvent dans le cœur de milliers d'hommes et de femmes qui ne l'ont pas oubliée, et leur création n'a pas été vaine.

Nostalgie

Il est vrai que, dans notre vie de tous les jours, nous sommes sans arrêt confrontés à la dégradation, au vieillissement, à la mort. Tout notre environnement, toute la richesse de notre existence, tout, à notre niveau, est destiné à s'effacer comme les châteaux de sable sous la vague. Au cours de notre vie, nous prenons douloureusement conscience de cette fin irrémédiable.

Ce n'est pas seulement notre mort définitive qui nous fait peur, c'est aussi la disparition continuelle et inexorable des événements qui concrétisent chaque instant qui passe et qui ne se reproduiront plus jamais. Souvenirs… Souci de figer l'instant par une photographie, une image, succédané à l'arrêt impossible de la course du temps. Plus tard, le plaisir de regarder une photo ancienne est mitigé, teinté de tristesse et de nostalgie.

Il existe cependant un autre plaisir, beaucoup plus grand et réjouissant que celui de faire revivre les souvenirs, un acte de dépassement, exaltant pour qui sait le découvrir et le savourer. C'est le plaisir du relais, du passage, du transfert aux générations futures. Quelle joie lorsqu'une création personnelle est ensuite transmise, et réutilisée par d'autres !

La bonne nouvelle

Pendant longtemps les physiciens ont cru que l'Univers tout entier s'acheminait inexorablement vers ce qu'ils appelaient la *mort thermique*. Toutes les différences devaient petit à petit s'estomper comme la goutte d'encre s'étale dans le verre d'eau. L'uniformité totale était notre avenir. Tout ce qui fait la richesse de notre monde actuel devait disparaître dans le chaos. Les scientifiques avaient fini par assimiler la notion même de l'écoulement du temps, qui se produit toujours dans le même sens et sans jamais pouvoir revenir en arrière, à l'idée de dégradation du monde.

Ils appuyaient leur démonstration sur l'expérience courante : si le vase chinois de grand-mère est cassé en mille morceaux, la destruction est irrémédiable. Personne ne peut imaginer mille morceaux de vase chinois qui tout à coup se recollent d'eux-mêmes et remontent sur la table. C'est seulement si l'accident a été filmé que l'on peut, en repassant le film à l'envers, voir le vase se reconstruire. Mais alors le sens du temps a été artificiellement inversé. Il est donc très tentant de relier les phénomènes de destruction et de dégradation à l'impossibilité de renverser le sens du temps dans la réalité.

Et pourtant, nous savons maintenant que l'Univers évolue d'une manière constructive et non destructive. Loin de se dégrader, l'Univers construit au cours du temps des structures de plus en plus complexes. Les physiciens assimilaient le sens du temps à la dégradation du monde parce qu'ils raisonnaient à l'échelle de l'homme. A l'échelle de l'Univers, le sens de l'écoulement du temps s'assimile à l'évolution positive de la complexité. N'est-ce pas une bonne nouvelle ?

Il peut sembler paradoxal que l'évolution de l'Univers contredise ainsi le sens commun. Nous allons tenter, dans ce chapitre, d'expliquer pourquoi il n'existe pas de contradiction entre notre expérience journalière et la bonne nouvelle de la croissance permanente de la complexité du monde.

Chaud et froid

Imaginez que vous décidiez de prendre un bon bain tiède dans votre baignoire pour vous détendre. Vous faites couler l'eau chaude un moment, mais vous sentez que votre bain est trop chaud. Alors vous fermez le robinet d'eau chaude et vous ajoutez de l'eau froide. Que se passe-t-il ? Au début l'eau est plus froide sous les robinets que dans le reste de la baignoire. Si vous êtres déjà dans l'eau, ce n'est pas très agréable, car vous avez froid aux pieds et chaud à la tête. Cette situation n'a guère de chance de s'améliorer toute seule. Le temps que l'eau devienne uniformément tiède, elle se sera aussi refroidie au contact de l'air de la pièce et ce n'est pas le but recherché. Finalement vous préférez mélanger l'eau vigoureusement pour lui donner immédiatement la température souhaitée et atteindre une relaxation bien méritée.

Pouvez-vous imaginer une seconde que vous vous trouviez bien tranquille dans un bon bain d'eau tiède, calme et détendu, et que tout à coup l'eau devienne brûlante à la tête et glacée aux pieds ? C'est ce qui se passe dans les étoiles. Dès qu'une étoile se forme à partir de l'effondrement d'un nuage interstellaire, elle chauffe à l'intérieur. Sa température centrale augmente jusqu'à atteindre des valeurs d'une dizaine de millions de degrés, alors que ses régions extérieures restent relativement froides – quelques milliers de degrés seulement. Les différences de température augmentent au cours du temps, au lieu de diminuer comme elles le font habituellement dans la vie courante ! Elles atteignent ainsi la température de combustion nucléaire, condition nécessaire à la construction progressive des éléments chimiques dans l'Univers.

Nous touchons ici le processus fondamental qui permet à la flèche du temps de pointer dans la direction d'un enrichissement permanent des structures, plutôt que vers la dégradation universelle.

Quelle est la différence entre une étoile et un aquarium ?

J'ai cent poissons dans un aquarium, séparé en deux parties égales par une cloison de verre. Au début, les cent poissons se trouvent confinés dans la cuve de gauche. J'enlève la cloison. En très peu de temps les poissons se dispersent dans tout l'espace disponible. Si je remets la cloison j'aurai environ cinquante poissons de chaque côté. En fait, à cause de leur mouvement aléatoire, j'aurai peut-être plus de poissons d'un côté que de l'autre : ce sont les fluctuations du hasard. Mais si je recommence l'opération un grand nombre de fois, en moyenne ce sera cinquante-cinquante : c'est l'uniformisation.

J'ai maintenant un nuage de gaz galactique. Il comprend des atomes et des molécules qui bougent dans tous les sens, comme les poissons dans l'aquarium, mais leur nombre est gigantesque, peut-être dix à la puissance soixante ! Alors au cours des fluctuations, il peut arriver que le nuage de gaz se condense et devienne étoile.

La différence entre l'étoile et l'aquarium, c'est que les poissons de l'aquarium cherchent à occuper tout l'espace disponible pour atteindre un état de densité uniforme, alors que les atomes de l'étoile cherchent à se rassembler pour augmenter localement leur densité. La raison de cette différence de comportement tient uniquement dans le nombre d'individus concernés. Les atomes de l'étoile sont

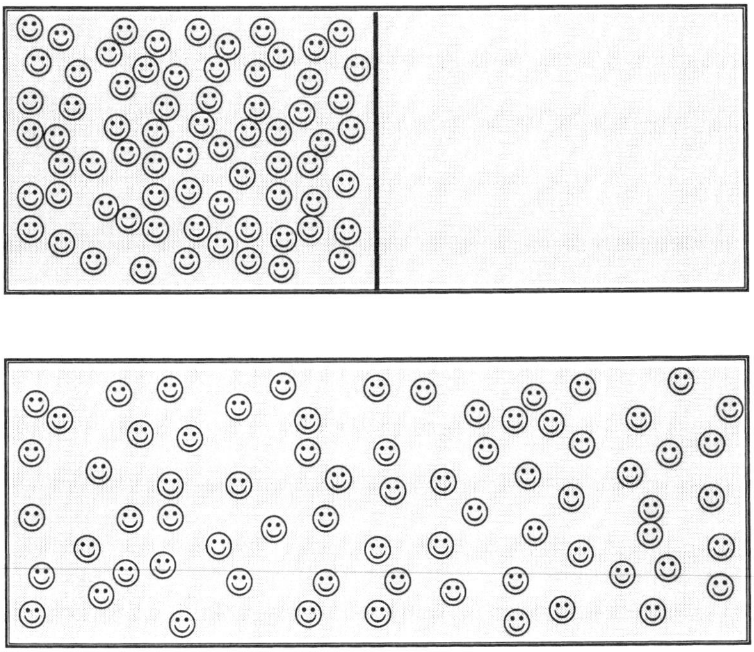

7.1. Poissons dans un aquarium.

Les poissons qui se trouvent au départ dans la partie gauche de l'aquarium occupent tout l'espace disponible dès que la cloison est enlevée.

immensément plus nombreux que les poissons. Ils produisent ainsi collectivement un effet gravitationnel intense qui les colle les uns aux autres comme un essaim d'abeilles, à une autre échelle.

Lorsque l'étoile est formée, elle atteint vite un équilibre pour lequel le poids des atomes est exactement compensé par la pression. Leur attraction gravitationnelle mutuelle les empêche de se disperser dans l'espace, mais ils ne s'effondrent pas non plus les uns sur les autres car la pression interne les soutient.

Cet équilibre ne peut cependant pas rester figé. Il change au cours du temps pour une raison simple et inévitable : l'étoile, plus chaude que son environnement, rayonne ! Elle perd donc de l'énergie, ce qui l'oblige à se rééquilibrer en permanence par

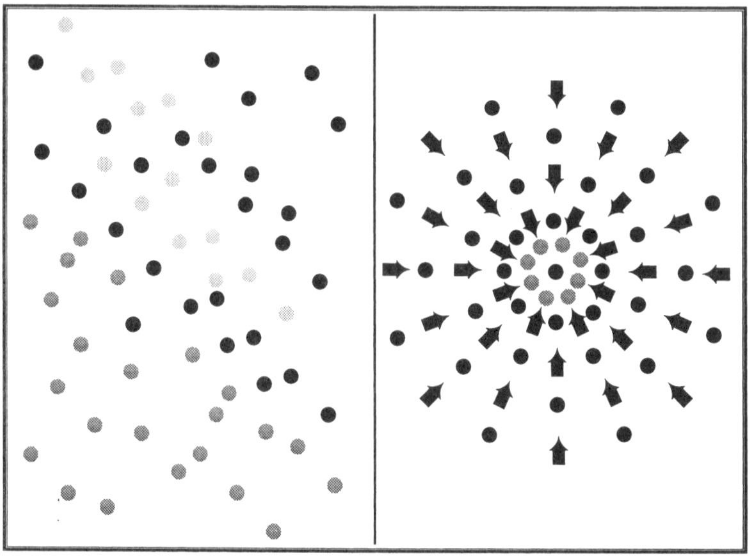

7.2. Formation d'une étoile.

Au départ, la matière qui va former l'étoile est dispersée dans un nuage gigantesque. Ce nuage s'effondre sous l'effet de son propre poids : c'est l'inverse de ce qui se passe pour les poissons dans l'aquarium. La différence vient de ce que, dans le cas de l'étoile, la masse de matière impliquée est immensément plus grande que dans le cas de l'aquarium !

une lente contraction. Dans cette situation, la pression, la densité et la température interne ne peuvent qu'augmenter. Le processus d'évolution est en place !

Irréversibilité

Le sens de l'écoulement du temps n'est donc plus simplement assimilé à la dégradation des structures et à l'uniformisation. Il doit être étudié globalement d'une manière plus complexe. C'est la notion d'irréversibilité, qui s'apparente parfois à une destruction, parfois à une construction, suivant les échelles et les circonstances, mais toujours d'une manière logique.

Revenons à l'aquarium, séparé en deux parties égales par une paroi amovible. J'ai maintenant cinquante poissons rouges dans la partie gauche, et cinquante poissons rayés jaune et bleu dans la partie droite. J'ôte la paroi. Si mes poissons s'entendent bien entre eux, je vais observer un ballet permanent de rouge, de jaune et de bleu, réalisé par mes cent poissons dans tout l'aquarium. Les deux populations de poissons auront diffusé l'une dans l'autre. C'est un phénomène irréversible, à moins d'une intervention extérieure. Il y a en effet peu de chances que les poissons se séparent à nouveau d'eux-mêmes, les rouges se concentrant dans la partie gauche du bassin et les jaune et bleu dans la partie droite. Dans ce cas, irréversibilité prend le sens d'uniformisation.

Mais d'autres événements peuvent se produire. En plus du simple phénomène de diffusion, les poissons peuvent interagir et provoquer des réactions particulières. Si les poissons rouges sont voraces, ils vont manger les rayés jaune et bleu et l'équilibre de l'aquarium va s'en ressentir. S'ils s'accouplent entre eux, de nouveaux arrivants vont venir peupler le bassin. L'irréversibilité prendra alors un autre sens.

Je me souviens d'un lac de montagne, dans les Alpes, où les pêcheurs ne prenaient plus aucun poisson. Une carpe, plus forte et plus vorace que ses congénères, les avaient tous dévorés les uns après les autres : elle était devenue énorme et il a fallu s'en débarrasser pour repeupler le lac en petits poissons. C'est un phénomène de fluctuation naturelle, qui s'est trouvé à ce moment-là poussé à l'extrême. Dans cette situation, l'irréversibilité s'était opposée à l'uniformisation des structures de l'étang !

Pour mieux étudier les notions d'irréversibilité et de sens du temps, les physiciens ont défini, à la fin du XIXe siècle, une quantité appelée *entropie* (du grec *entropê*, cause d'évolution). Ce mot est maintenant entré dans le langage courant et il se trouve appliqué en de nombreuses circonstances, parfois indûment. Essayons de bien cerner sa signification et son importance.

Entropie

La définition de l'entropie a elle-même évolué au cours du temps ! Elle est devenue de plus en plus riche, en permettant d'appréhender des phénomènes de plus en plus complexes et variés. La première définition, celle des physiciens du XIXe siècle, était liée à la transformation irréversible d'énergie mécanique en énergie calorifique.

Si vous frottez votre main sur une table, vous ressentez une impression de chaleur. Si vous frottez une allumette sur une surface rugueuse, elle s'enflamme. L'énergie mécanique – le mouvement – s'est transformée en énergie calorifique – la chaleur.

Tout mouvement entraîne une déperdition de chaleur inévitable, liée aux frottements des objets entre eux. Cet effet vous réjouit lorsque vous avez froid et qu'un ami vous frotte le dos pour vous réchauffer. Cela ne vous fait plus du tout plaisir lorsque vous montez une côte en voiture et que vous avez oublié de remplir votre réservoir de liquide de refroidissement !

Ces transformations d'énergie mécanique en énergie calorifique sont irréversibles. Vous n'obtiendrez pas qu'un objet se mette à bouger tout seul en le chauffant. Il est possible de récupérer de l'énergie mécanique à partir de deux sources de chaleur différentes, mais alors les mouvements proviennent explicitement de la différence d'énergie entre les deux sources, et non pas de la chaleur elle-même.

Ces constatations ont conduit à la première idée d'entropie, qui n'était pas en fait définie de manière absolue, mais uniquement comme une différence. Au cours de la transformation d'un objet, on définissait la variation d'entropie comme la chaleur dégagée, divisée par la température[1].

Définie de cette manière, la notion d'entropie semble impalpable et difficile à comprendre. Le physicien allemand Ludwig Boltzmann, vers 1900, en a donné une définition beaucoup plus concrète et reliée explicitement à l'état de la matière. Toutes les idées modernes sur l'entropie ont dérivé de cette étude de Boltzmann. Et pourtant, à son époque, il resta totalement incompris, à tel point qu'il finit par se suicider, en 1906. Sur sa tombe, à Vienne, est inscrite sa fameuse formule statistique de l'entropie : $S = k \ln \Omega$ qui mérite d'être aussi célèbre que le $E = mc^2$ d'Einstein.

Irish coffee

Si l'on considère un objet quelconque : un gaz, une mousse au chocolat ou – pourquoi pas ? – un « irish coffee », on peut le caractériser par un certain nombre de grandeurs observables : sa température, son volume, sa densité, sa couleur, son goût... Or cet objet est en réalité constitué d'un ensemble de particules : les atomes, les molécules..., qui peuvent avoir des positions très variées les unes par rapport aux autres. On appelle *configuration microscopique* chaque agencement possible des particules qui constituent l'objet, et *état macroscopique* l'ensemble de ce qui est observé. Ludwig Boltzmann a montré que l'entropie est en fait une mesure du nombre de configurations microscopiques différentes qui conduisent au même état macroscopique observé.

Si c'est un « irish coffee » dans lequel le whisky est bien mélangé au café alors que la crème fraîche est délicatement déposée à la

1. Si T est la température et dQ la chaleur dégagée, on définit une variation de l'entropie S sous la forme : $dS = dQ/T$.

surface du liquide (ce qui demande tout un savoir-faire), le nombre de configurations microscopiques possibles est représentatif de cette structure : les configurations pour lesquelles les particules de crème seraient au fond du verre sont exclues. Lorsqu'on mélange le tout, les éléments constituant l'objet sont toujours les mêmes, mais maintenant les particules de crème ont le droit d'être en bas aussi bien qu'en haut. De nouvelles possibilités se sont ouvertes à elles. Les configurations microscopiques autorisées sont devenues plus nombreuses et l'entropie a augmenté[1].

Si vous frottez votre main sur une table, il se produit une interaction entre les atomes de votre peau et ceux de la surface du meuble. Au cours du frottement, ils se déplacent les uns par rapport aux autres à grande vitesse. Certains de vos atomes acquièrent une partie de cette vitesse par effet d'entraînement. Ils la transfèrent aux autres atomes de votre main, de proche en proche, au hasard des collisions. Ainsi leur vitesse moyenne augmente et vous avez chaud !

D'une manière générale, lorsque de l'énergie mécanique se transforme en chaleur, les mouvements ne disparaissent pas : ils deviennent seulement désordonnés. Les atomes acquièrent alors des possibilités de position et de vitesse qu'ils ne possédaient pas auparavant. Le nombre de configurations microscopiques possibles augmente. C'est ainsi que les deux définitions de l'entropie se rejoignent.

La définition de Boltzmann est cependant plus riche que l'ancienne. En effet il peut y avoir d'autres raisons à la variation du nombre de configurations microscopiques internes d'un objet. Par exemple, lorsque le nombre de particules qui le constituent change au cours du temps. Cette notion est fondamentale lorsque

1. On appelle souvent Ω le nombre de configurations microscopiques autorisées par les contraintes extérieures sur l'objet observé. La définition de Boltzmann, appelée en général *définition statistique de l'entropie*, est alors donnée par $S=k\ln\Omega$ où le symbole *ln* signifie *logarithme népérien* et *k* représente précisément la *constante de Boltzmann*.

certaines interactions entrent en jeu, comme dans l'étude globale de l'Univers. La définition statistique de l'entropie permet ainsi de décrire des situations que les physiciens du XIXe siècle ne pouvaient pas imaginer.

Cent mille milliards de poèmes

Le livre de Raymond Queneau *Cent mille milliards de poèmes* comporte dix sonnets – un sonnet comprend quatorze lignes – dont toutes les lignes sont découpées horizontalement. Ces sonnets sont construits de telle façon que toutes les lignes d'un même niveau de chaque sonnet sont interchangeables pour donner d'autres sonnets aussi intelligibles et respectueux des normes que les premiers. Chaque ligne interchangée conduit à une nouvelle configuration microscopique du livre. Cela représente en tout 100 000 milliards de configurations possibles !

Si nous collons ensemble quelques lignes avec du papier adhésif, nous organisons des morceaux de sonnets, nous diminuons le nombre de configurations possibles du livre, et nous diminuons son entropie. L'état d'entropie maximum du livre correspond à l'état le plus désordonné, mais qui offre aussi le plus de possibilités pour un choix ultérieur.

Dans la nature, les objets ont tendance à évoluer vers l'état d'entropie maximale. Lorsque, par exemple, on laisse tomber une goutte de peinture aquarelle dans un verre d'eau, elle diffuse jusqu'à ce que l'eau devienne uniformément colorée et l'entropie correspondante augmente jusqu'à sa valeur maximale. Au départ, on savait à quel endroit la goutte était tombée. A la fin, cette information est perdue. On peut ainsi considérer que l'augmentation d'entropie représente une mesure de la perte d'information sur l'objet étudié, ou encore de la diminution de sa complexité interne.

Dans cette expérience, les molécules présentes n'ont pas été modifiées. Les molécules de couleur, concentrées au début dans la goutte de peinture, se sont simplement dispersées partout dans le verre d'eau. L'entropie maximale possible, correspondant à la diffusion totale des molécules, était connue dès le début. Elle n'avait aucune raison de changer. Ce qui a varié, c'est l'entropie réelle, qui était plus petite au début et qui a augmenté jusqu'à atteindre la valeur maximale possible dans la situation considérée.

A l'échelle de l'Univers

Nous n'avons pas vraiment le droit de parler de l'entropie de l'Univers, puisque l'Univers peut être infini, auquel cas son entropie serait aussi infinie. Il est plus correct d'étudier l'entropie contenue dans un volume particulier, par exemple une portion d'espace délimitée par plusieurs galaxies. Un tel volume augmente au cours du temps, puisque les galaxies s'éloignent les unes des autres. Pour cette raison, on l'appelle en général « covolume »[1].

Lorsque l'Univers avait environ 100 000 ans, la lumière s'est séparée de la matière, donnant naissance au rayonnement cosmologique primordial. Les photons créés à cette époque existent encore de nos jours. Ils sont observés, dans tout l'espace, à une température de 2,73 kelvins. La matière présente dans l'Univers primordial s'est en partie condensée en étoiles, fabriquant ainsi des éléments de plus en plus lourds et de nouveaux photons, indépendants des photons primordiaux. L'entropie d'un covolume d'Univers dépend de toutes ces composantes.

1. Ou encore « volume comouvant », c'est-à-dire un volume qui suit l'expansion de l'espace.

Les photons en provenance du chaos primordial remplissent l'espace de la manière la plus désordonnée possible, comme les poissons dans l'aquarium. Leur entropie est donc toujours fixée à sa valeur maximale. Cette valeur ne varie pas au cours du temps, puisque le nombre de photons cosmologiques présent dans un covolume n'est pas modifié. Ce résultat fait dire parfois que l'évolution de l'Univers se fait à entropie constante, ce qui suggère qu'elle peut être réversible. Une conclusion hâtive conduit à l'idée que si, dans l'avenir, l'Univers se recontractait, il repasserait *à l'envers* par les mêmes phases que pendant son expansion. Ce raisonnement n'est pas exact, car il néglige l'augmentation d'entropie due aux étoiles.

Grâce à l'effet cumulatif de la gravité, les étoiles se forment et deviennent les creusets où se construisent par fusion nucléaire des éléments de plus en plus lourds. Au cours de cette fusion, un grand nombre de nouvelles particules sont créées. Si l'on considère par exemple la principale chaîne de réactions nucléaires se produisant actuellement au cœur du Soleil, on constate que, pour une transformation de quatre noyaux d'hydrogène en un noyau d'hélium, il se forme en plus deux positrons [1], deux neutrinos et trois photons ! Ces nouvelles particules ouvrent des possibilités pour de nouvelles configurations microscopiques, ce qui conduit à une augmentation de l'entropie maximale possible à chaque instant dans un covolume.

L'entropie réelle de la matière reste toujours inférieure à cette valeur maximale, puisqu'elle est structurée en systèmes complexes. Mais l'évolution au cours du temps de l'entropie maximale possible permet à la matière de devenir de plus en plus complexe tout en augmentant son entropie.

Depuis le Big-Bang, cette augmentation est environ 1 000 fois plus faible que l'entropie due aux photons cosmologiques. Elle peut paraître négligeable. Elle n'est cependant pas anodine : c'est elle qui donne son sens au temps cosmique.

---

1. Ou anti-électrons.

L'Univers a un sens : le sens du temps !

Nous vivons dans une dynamique positive. L'uniformité et la monotonie représentent le passé, non l'avenir. Cette évolution de l'Univers, qui a un *sens* selon la signification mathématique du terme, a-t-elle aussi un *sens*, selon sa signification morale ? C'est une question qui n'admet pas de réponse scientifique : elle est laissée à la libre opinion de chacun. Pour ma part, je ne peux pas croire que toute cette richesse, construite patiemment dans l'Univers depuis une dizaine de milliards d'années, n'ait aucun *sens*, même si je ne sais pas précisément lequel.

Notre vie s'écoule dans le sens du temps cosmique. Nous participons, par nos actions, par nos créations individuelles, à l'évolution collective de l'humanité. La mort s'inscrit elle aussi dans le cadre de cette évolution. Dans les circonstances difficiles où tout semble régresser autour de soi, il n'est pas inutile de se resituer dans la globalité de l'Univers.

8

La mort, source de vie

Ma mère va bientôt mourir. Ses jambes sont décharnées, elle ne parle plus, elle n'émet plus que quelques paroles incohérentes. Pourtant, lorsque j'arrive, ses yeux rient de me voir. Elle me tend les bras. Je lui caresse le visage. Elle éclate de rire. Nous nous comprenons. Elle me tient les mains. Un courant passe entre nous. Nous nous sommes tant heurtées, dans le passé, à l'époque de mon adolescence. A présent, cela peut sembler étrange, mais elle me donne des forces. Nous vivons ces instants avec intensité. Je me souviens de l'importance qu'elle a eue pour moi et pour tant d'autres. Je me dis que, même si son nom disparaît, sa vie restera comme une pierre dans la gigantesque construction de l'Univers.

La mort et le respect de l'autre

Il y eut une époque où la mort était beaucoup plus présente dans la vie de tous les jours qu'elle ne l'est dans nos sociétés occidentales modernes. Au Moyen Âge, ainsi que l'explique Bernadette Lamboy dans son livre *La Mort réconciliée*[1], la mort était

1. Éd. Séveyrat, 1989.

une rencontre permanente. On la côtoyait à chaque instant de sa vie. Elle était « naturelle, simple, familière ».

On assumait la mort grâce au sentiment profond de l'appartenance de l'individu au groupe social : la douleur de la mort individuelle était compensée par le sentiment de l'immortalité collective, très présente dans le climat religieux de l'époque. La mort n'était pas une rupture, mais un passage mystérieux, une sorte de sommeil. C'est avec la prise de conscience progressive de son individualité au sein de la collectivité que l'homme commence à se sentir déchiré par l'angoisse profonde de la mort. L'idée de sa propre disparition lui devient insupportable.

En même temps que l'émergence de l'individu dans la société, le respect de la personne humaine en tant que telle apparaît petit à petit. La barbarie ne disparaît malheureusement pas de notre monde : elle est toujours présente, à tous niveaux, et peut prendre des proportions gigantesques en s'appuyant sur les technologies nouvelles. Des peuples s'entredéchirent, des groupes ethniques se détruisent mutuellement, des intégristes, dominés par leur fanatisme, ne voient pas d'autre sens à leur vie que d'imposer leurs idées au monde au mépris de la diversité et de la tolérance, ce qui conduit inévitablement à la destruction et à la mort. Et pourtant, malgré tout cela, il existe heureusement une évolution globale positive de la pensée humaine au niveau planétaire : celle qui s'inscrit dans la ligne de la Déclaration des droits de l'homme, des organisations de paix internationales, de la lutte contre la guerre, la destruction, la pollution.

Le mythe de Faust

Plus l'individu a conscience de son existence en tant qu'Etre unique, plus il ressent de façon douloureuse le fait que sa fin soit inévitable. Il a soif d'éternité. Ne pas vieillir, ne pas mourir, vendre son âme au diable pour garder l'éternelle jeunesse... Pour certains, le mythe de Faust serait près de devenir réalité! Un de mes amis me dit un jour que son grand regret était d'être né à notre époque plutôt qu'au prochain millénaire. Selon lui, le progrès en matière de médecine étant si rapide, et l'espérance de vie humaine augmentant d'année en année, on allait bientôt atteindre le point où elle allait devenir infinie. Mon ami se désolait de risquer de mourir juste avant l'époque bénie où l'espèce humaine aurait atteint la vie éternelle! Ce qu'il n'avait malheureusement pas bien compris, c'est que ce n'est pas du tout la même chose de retarder la date de notre mort, ou de la supprimer entièrement. On peut augmenter le temps d'une vie humaine, on ne la rendra pas éternelle.

Je crois que l'un des plus grands tournants de la pensée contemporaine, en relation avec les découvertes scientifiques, est la reconnaissance de la nécessité de la mort. L'Univers évolue au cours du temps et nous sommes partie prenante de cette évolution. La flèche du temps pointe vers une complexité croissante. A tous les niveaux de ce long cheminement, la mort de l'individu est nécessaire à l'évolution de la collectivité. Et, contrairement à ce que l'on pourrait croire, cette constatation n'est pas triste. C'est que nous commençons aussi à comprendre que ce n'est pas dans l'éternité que se trouve le bonheur.

Orgueil

L'homme est un être fondamentalement orgueilleux. Se croire supérieur aux autres devient souvent sa propre raison de vivre. « Nous disons d'un homme : Quel sot... Est-il possible d'être aussi vaniteux! Mais nous ne pensons point que si cette vanité lui fût ôtée comme par enchantement, et qu'une autre plus subtile ne vînt pas remplacer la première, il ne resterait à cet être désabusé qu'à se brûler la cervelle. Il se défend du non-être de son mieux[1].»

Cette vanité intrinsèque de l'homme se trouve à la source des relations de domination de personnes, de classes, de races. C'est la porte ouverte aux abus, parfois sanguinaires, que nous voyons se développer partout dans le monde.

L'homme commence à comprendre que sa présence sur Terre s'inscrit dans le cadre de l'évolution des espèces, mais il a beaucoup de mal à l'accepter. L'idée qu'il relève fondamentalement d'une essence différente de celle des animaux, et bien sûr des plantes, est encore bien ancrée. Il s'arroge même le droit de décider à lui seul de ce que les animaux peuvent ou ne peuvent pas penser. Schopenhauer, dans son ouvrage *Le Monde comme volonté et comme représentation*[2], n'hésite pas à affirmer : « Excepté l'homme, aucun être ne s'étonne de sa propre existence, c'est pour tous une chose si naturelle, qu'ils ne la remarquent même pas. » Bergson développait une idée semblable dans *Les Deux Sources de la morale et de la religion*[3] : « L'homme sait qu'il mourra. Tous les autres vivants, cramponnés à la vie, en adoptent simplement l'élan… » De même Maurice Merleau-Ponty, dans *Sens et Non-sens*[4], écrit : « On ne fera pas que l'homme ignore la mort. On ne l'obtiendrait qu'en le ramenant à l'animalité ; encore serait-il un mauvais animal, s'il gardait conscience, puisque la conscience suppose le pouvoir de prendre du recul à l'égard de toute chose donnée et de la nier. C'est l'animal qui peut paisiblement se satisfaire de la vie et chercher son salut dans la reproduction. »

Je suis toujours étonnée que l'homme puisse être aussi certain et affirmatif de ce qui touche toutes les autres espèces

1. Paul Valéry : *Mauvaises pensées et autres*, in *Œuvres*, Gallimard, Bibliothèque de la Pléiade.

2. PUF, 1992.

3. PUF, 1990.

4. Nagel.

vivantes. Comment peut-on « savoir » que les animaux ne s'étonnent pas de leur propre existence ? Qu'ils n'ont pas conscience de leur fin inéluctable ? A mon avis, cette question est particulièrement complexe et les réponses beaucoup trop schématiques. La hiérarchie des systèmes cérébraux est grande chez les animaux, et les degrés d'intelligence très variés. Il est clair que l'homme a atteint sur Terre, à notre époque, un degré d'intelligence inégalée. Mais pour quelle raison a-t-il besoin de croire qu'il est le seul à avoir conscience de son propre destin ? Pourquoi est-ce si important pour lui que tous les êtres vivants autres que ses semblables ne pensent rien, ne s'étonnent de rien, en un mot n'aient pas d'existence, au sens noble du terme ?

L'évacuation de la mort

Nous ne pouvons pas savoir si les animaux ont ou n'ont pas conscience d'eux-mêmes, et je pense que nous n'avons pas le droit d'en décider pour eux. Ce dont nous sommes sûrs, en revanche, c'est que nous avons conscience de nous-mêmes et de notre propre mort, et que cette conscience est douloureuse.

La réaction de l'homme face à cette souffrance a été d'évacuer l'idée de la mort, de la nier. Dans nos religions occidentales, l'homme s'est cru d'une essence différente de celle de tous les autres êtres vivants, spécialement créé par Dieu, seul à posséder une âme, seul à avoir conscience de sa propre existence et de sa fin inévitable. Cette supériorité avait ses revers : l'idée que l'Elu entre tous les vivants doive mourir était insupportable, inadmissible. Il fallait sortir de cette angoisse, et la seule façon d'en sortir était de croire en la vie éternelle, en la vie après la mort pour chaque individu. Dieu ne peut pas laisser mourir sa créature. La mort n'est qu'une apparence. Chaque être humain ressuscitera le moment venu, dans son propre corps, au Jugement dernier.

Dans les religions orientales, la différence entre l'homme et l'animal est moins marquée, car l'homme peut se réincarner en un animal après sa mort, et inversement. Mais ici encore, la mort n'est qu'une apparence. Le cheminement de l'être se fait par réincarnations successives. Le but suprême, c'est d'atteindre la béatitude infinie, le nirvana.

L'homme n'est pas un système clos

Plutôt que d'évacuer l'idée de la mort, de la nier, de la refuser, pourquoi ne pas essayer de l'accepter comme une fin de l'individu qui est soi, fin nécessaire à l'évolution et au progrès ?

Une telle acceptation demande une prise de conscience de la signification de l'individualité face à la collectivité. L'individu est un être unique, bien localisé dans l'espace et dans le temps. Il a une existence propre, une personnalité, et il est nécessaire qu'il puisse s'accomplir pleinement en tant que personne pendant sa vie.

Et pourtant l'individu n'est pas un système clos, ni physiquement ni psychiquement. Physiquement, l'individu fait partie d'un cycle naturel. Il doit ingérer de la nourriture, qui lui donne son énergie, et rejeter des matières qui retournent à la terre. Sur le plan psychique, l'individu dépend intensément des autres. Sans un entourage d'amour, le bébé ne peut vivre. Notre vie de tous les jours n'est qu'échange, à tous niveaux, avec ceux qui nous entourent. Nos attitudes, notre allure physique sont liées à nos relations humaines. La beauté d'un visage, d'un corps, reflète le bonheur d'aimer et d'être aimé. Les relations sexuelles représentent par excellence ce besoin de fusionner avec l'autre pour atteindre la plénitude.

Il est bien difficile d'assumer le paradoxe de l'individu dans l'ensemble du monde. Nous sommes importants individuellement, mais nous sommes aussi partie du tout. Ce paradoxe se ressent pleinement dans le fait que c'est uniquement par la conscience profonde de soi que l'on peut accéder à une compréhension globale de l'humanité. L'inconscient de l'homme est cosmique. C'est la descente au fond de soi-même qui permet d'entrer en communion avec le cosmos.

Le néant et le tout

« Sommes-nous faits pour le néant ou pour le tout, pour la mort ou pour la vie? D'évidence la plus pressante des questions[1]. » Cette question, qui n'aura jamais de réponse, a provoqué bien des angoisses chez les hommes de toutes les époques. Elle a perturbé bien des penseurs et des philosophes, en particulier Pascal, et elle a conduit à bien des dissertations d'élèves en philosophie.

Ce n'est que récemment que s'est imposée à nous cette évidence : les questions que nous pouvons nous poser n'ont pas forcément un sens. Certaines peuvent être absurdes dans leur essence même, et les questions qui ne trouvent jamais de réponse sont souvent celles qui n'ont pas de sens. La question posée ici n'a pas de sens parce qu'elle est fondée sur un dualisme, une opposition entre deux termes supposés contraires mais qui en fait ne le sont pas : le néant et le tout, ou bien la mort et la vie.

Dans la réalité, il n'y a pas d'un côté le tout et de l'autre côté le rien. La destinée humaine procède des deux à la fois. La mort et la vie sont nécessaires l'une à l'autre. L'une ne va pas sans l'autre. L'une ne pourrait pas exister sans l'autre. La mort donne son sens à la vie! C'est le paradoxe qui nous permet de passer dans une autre dimension, une dimension de joie.

1. Gérard Ziegler, *Du néant au tout, une lecture des pensées de Pascal.*

La mort et l'évolution

Ma mort ne sera une fin pour personne, sauf pour l'individu qui est moi. Non seulement le monde ne cessera pas de tourner à ma mort, non seulement il ne cessera pas de progresser, mais il se trouve que ma mort est une condition nécessaire à ce progrès. « Dans la mesure où l'homme représente une certaine amélioration du singe, il le doit à la mort. Une espèce nouvelle, pour le meilleur et pour le pire, ne peut commencer qu'avec une vie nouvelle » (George Pickering).

Nous ne faisons que suivre à notre tour la Grande Loi universelle de l'évolution du monde : à chaque étape de la complexité, à chaque niveau d'évolution, l'individu doit disparaître pour laisser la place à des entités nouvelles, plus élaborées.

François Jacob développe une idée semblable dans *La Logique du vivant*[1] : « L'autre condition à la possibilité même d'une évolution, c'est la mort. Non pas la mort venue du dehors, comme conséquence de quelque accident. Mais la mort imposée du dedans, comme une nécessité prescrite dès l'œuf par le programme génétique même. Les limites de la vie ne peuvent être laissées au hasard. Elles sont prescrites par le programme qui, dès la fécondation de l'ovule, fixe le destin génétique de l'individu. »

Il s'agit ici de la durée de vie moyenne des individus d'une espèce vivante particulière. Cela ne veut pas dire, bien entendu, que le destin de chacun d'entre nous soit fixé dès sa naissance, et que tout ce qui nous arrive individuellement soit écrit dans un « grand livre ». Ce ne serait pas exact, car une grande part de hasard régit nos vies individuelles, et c'est une des conditions

1. Gallimard, 1976.

nécessaires à notre liberté. Cette étude doit être prise au niveau collectif, statistique : c'est l'espérance moyenne de vie d'un individu qui est programmée dans les gènes de son espèce, et qui est une donnée fondamentale de toute évolution.

Je dois donc accepter que l'individu qui est moi disparaisse un jour et se fonde dans le tout. De cette acceptation dépend mon bonheur. Jean-Pierre Vernant[1] développe cette idée jusqu'à l'extrême : « La présence du mal, du malheur, de la négativité dans le monde tient au processus d'individuation auquel il a été soumis et qui a donné naissance à des êtres séparés, isolés, singuliers. La perfection, la plénitude, l'éternité sont les attributs exclusifs de l'Etre totalement unifié. Toute fragmentation de l'Un, tout éparpillement de l'Etre, toute distinction de parties signifient que la mort entre en scène avec l'apparition conjointe d'une multiplicité d'existences individualisées et de la finitude qui nécessairement borne chacune d'elles. »

Mais accepter de se fondre un jour dans le tout ne signifie surtout pas perdre son identité. Bien au contraire : ma mort n'aura de signification que si j'ai vécu ma vie pleinement. Atteindre la plénitude dans toute son individualité tout en acceptant de disparaître un jour : tel est le paradoxe de l'être humain.

L'immortalité de l'individu rendrait le monde « mortel »

Pouvez-vous imaginer ce qui se passerait si nous étions tous immortels ? Le monde deviendrait d'un ennui « mortel » ! Ou bien nous serions en contradiction de plus en plus grande avec notre environnement, s'il continuait d'évoluer, ou bien tout finirait par se figer… ce serait insupportable. Sans la mort, non

1. Dans *L'Individu, l'Amour, la Mort*, Gallimard, 1989.

seulement le monde n'évoluerait plus, mais la vie finirait par perdre tout intérêt.

C'est probablement le sens profond du mythe de la résurrection, qui se retrouve dans toutes les religions et chez tous les peuples. L'interprétation la plus naïve de ce mythe, c'est d'imaginer une renaissance de l'individu, au-delà de la mort, tel qu'il était de son vivant. Cette interprétation se situe dans un cadre statique, où l'on s'accroche à l'existant, en ignorant l'évolution. Elle ne procure pas de sentiment de satisfaction. Elle produit plutôt une gêne, dans la mesure où elle semble tellement en contradiction avec le vécu. Il faut alors croire l'incroyable, en refusant les évidences. On sort de toute logique, ce qui ouvre la porte aux extrémismes et aux fanatismes.

L'interprétation plus approfondie du mythe de la résurrection, c'est la renaissance permanente après la mort de tous les instants. C'est en acceptant de « mourir à soi-même » à chaque instant de sa vie que l'on peut vivre pleinement en participant à la grande aventure de l'évolution du monde. Nous nous situons alors dans un cadre dynamique, où tout notre vécu prend un sens nouveau. C'est la remise en question permanente, qui conduit à l'ouverture et à la tolérance.

C'est le mythe du Phénix, l'Oiseau de Soleil, éclatant de beauté et de couleurs luminescentes, mythe de la Grèce antique, qui doit mourir consumé dans le feu pour mieux renaître ensuite de ses cendres, d'abord sous forme de ver nourri de la terre, puis, après une métamorphose sublime, dans sa splendeur céleste renouvelée.

Ruptures

« La mort envisagée dans le sérieux est une source d'énergie comme nulle autre, elle rend vigilant comme rien d'autre... à l'homme animé de sérieux, la pensée de la mort donne l'exacte vitesse à observer dans la vie, et elle lui indique le but où diriger sa course… Alors le sérieux s'empare de l'actuel aujourd'hui même ; il ne dédaigne aucune tâche comme insignifiante ; il n'écarte aucun moment trop court… » (Kierkegaard, *Sur une tombe*[1]).

La « mort à soi-même », le renoncement, c'est l'acceptation de la rupture, vécue au quotidien. La rupture dans la continuité : nouveau paradoxe de notre monde si riche mais si difficile à vivre et à supporter. Nous devons sans cesse renoncer à certaines aspirations, certaines voies que nous nous étions définies à priori, certains buts que nous nous étions fixés. Nous sommes sans cesse conduits à rebrousser chemin, pour repartir dans de nouvelles directions, plus prometteuses.

La rupture est parfois dramatique. Elle fait mal. Elle donne l'impression d'une action « ratée », d'une démarche négative, d'un repli, d'un retournement. Et pourtant lorsque, avec quelque recul, nous prenons la peine d'analyser notre propre évolution, nous découvrons à quel point toutes ces actions qui n'ont pas pu être menées à leur terme, comme nous l'aurions souhaité au départ, ont finalement conduit à une éclosion que nous n'aurions jamais pu imaginer dès l'abord.

N'est-ce pas notre manière de participer à la construction de la complexité dans l'Univers ? Cette construction qui se fait, nous le savons, non de manière linéaire, mais de manière buissonnante, par petites touches et essais successifs ?

C'est aussi cette possibilité de ruptures dans notre vie qui permet à la créativité de s'exprimer ainsi qu'à la beauté de s'épanouir. La splendeur du Phénix est à nulle autre pareille !

1. Dans *Kierkegaard, l'existence*, PUF.

Le risque et la peur

La rupture, c'est le risque. Risque de l'erreur, risque de l'échec. Il est toujours plus facile et plus satisfaisant à priori de se contenter de ce que l'on a, de refuser le changement. Mais c'est penser à court terme, et c'est une telle attitude qui, finalement, conduit au déclin et à l'angoisse de la disparition.

L'homme a peur de l'inconnu et il craint d'y être confronté. La tentation est grande de se protéger et de se replier sur soi pour essayer d'oublier que l'inconnu existe. Mais l'inconnu finit toujours par nous rattraper, et c'est alors le drame. Pourquoi l'homme a-t-il si peur de ce qu'il ne connaît pas ?

Le petit enfant a peur, lui aussi, mais son insatiable curiosité le force à surmonter cette peur pour découvrir le monde dans lequel il vit, en s'élançant sans cesse vers de nouveaux horizons. Cette capacité de l'enfant à la recherche et à la remise en question permanente est souvent dérangeante pour les adultes « installés ». Il est bien difficile, pour des parents, pour des enseignants, d'entrer dans ce jeu et de participer de manière active à cette recherche enfantine. Il est tellement plus facile de vouloir « assener » aux enfants ce que l'on croit être des vérités universelles et qui ne sont en réalité que notre vérité d'un moment !

Il est bien difficile aussi, pour des parents, d'accepter le goût du risque nécessaire à leurs enfants. Ils ont peur pour eux et cherchent à les surprotéger. Nous sommes encore en face d'un paradoxe de la vie ! Protéger les enfants est une nécessité. Mais ils ont besoin d'échapper à cette protection, pour se construire eux-mêmes leur propre personnalité, grâce aux risques surmontés.

La mort, source de vie dans l'Univers

Nous ne pouvons pas échapper à la mort, qui est une composante essentielle de la vie. Il est donc indispensable de la considérer avec toute l'importance qui lui est due, sans chercher à l'évacuer.

L'être humain a maintenant acquis le niveau de développement le plus élevé de tous les êtres vivants que nous connaissons. Maître de la Terre, il a même conquis le pouvoir de détruire la planète qui lui a donné naissance. Cette situation, qu'il doit réussir à dépasser pour se sauver lui-même, n'évoque-t-elle pas le passage vers une nouvelle dimension de son évolution ?

On considère parfois qu'un enfant atteint l'âge de raison lorsqu'il commence à prendre du recul par rapport à lui-même, et à se reconnaître en tant qu'individu dans la société, dans un esprit d'ouverture aux autres et de tolérance. C'est à l'humanité tout entière à présent de reconnaître son individualité et de se positionner au sein de l'Univers dont elle est issue. Elle est encore si jeune ! Quelques millions d'années tout au plus, comparés aux 4,5 milliards d'années du Soleil et de la Terre. Si l'on ramène l'âge de la Terre à une journée de vingt-quatre heures, l'homme est né voici à peine quelques secondes !

A travers sa découverte de l'Univers, l'homme prend conscience de sa participation à la grande aventure du monde. Et cette grande aventure du monde, depuis les tout premiers instants de l'Univers, demande qu'à chaque étape de l'évolution des individus disparaissent pour permettre à la vie de continuer à s'épanouir.

9

La quinte du loup

« Ils jouaient la sonate à Kreutzer de Beethoven. Connaissez-vous le premier presto ? Vous le connaissez ? s'écria-t-il. Ah ! Quelle chose terrible que cette sonate ! Surtout ce mouvement-là. Et, en général, quelle chose terrible que la musique ! Qu'est-ce exactement ? Je ne le saisis pas. Qu'est-ce que la musique ? Quelle est son action ? Et pourquoi agit-elle comme elle le fait ?... »

Léon Tolstoï, *La Sonate à Kreutzer*

D'où vient l'émotion qui nous étreint lorsque nous écoutons une sonate de Beethoven ou un concerto de Mozart ? D'où nous vient cette exaltation, ce transport, cet *état second* où nous nous sentons infiltrés par les méandres émotionnels conjugués du compositeur et de l'interprète ? Qu'est-ce que la musique ?

Certains mathématiciens, impressionnés par les rapports mathématiques entre les harmoniques d'un même son, auraient souhaité réduire toute la musique à une théorie des nombres. C'est ainsi que, au XVIIIe siècle, L. Euler définissait la musique comme « la science de combiner les sons de manière qu'il en résulte une harmonie agréable » alors que Leibniz pouvait écrire : « La musique est un exercice caché de mathématiques tel que l'esprit ignore qu'il compte[1]. »

1. Voir l'article de Yves Hellergouarch : « Musique et arithmétique », dans *Marsyas*, revue de pédagogie musicale et chorégraphique n° 22, juin 1992.

Mais la musique elle-même refuse de se laisser embrigader dans une théorie mathématique. Si l'on essaie d'accorder un piano à l'aide d'un appareil électronique produisant des sons de fréquences extrêmement précises, ça ne marche pas. Le piano « sonne faux ». Tout le travail d'un accordeur doit se faire à l'oreille. Si le piano est accordé, qu'il « sonne juste », alors des mesures précises de fréquences montreront que l'échelle des sons n'est pas exacte sur le plan mathématique, et qu'elle diffère suivant l'octave où l'on se situe.

Pourquoi la musique refuse-t-elle ainsi de se laisser codifier ? C'est que la musique, comme la science, ne peut pas se refermer sur elle-même : c'est une spirale ouverte sur l'infini.

Harmoniques

Le violoncelliste excite la note grave par l'effleurement de son archet sur la corde. Le son chaud et dense nous fait vibrer de tout notre être. Nous sommes capables de le reconnaître entre mille lorsque nous écoutons un enregistrement. La même note jouée par un instrument électronique paraît froide et vide. C'est que le son du violoncelle n'est pas un son pur. La chaleur et le velouté de la musique qui en émergent dépendent de toutes les harmoniques qui entrent en résonance dans le corps de l'instrument. Pour une même note jouée sur des instruments différents, le dosage des harmoniques n'est pas le même, et c'est une des raisons principales de la couleur différente des sons obtenus (la sensation que nous éprouvons à l'écoute d'un son dépend aussi beaucoup de son « attaque » : par frottement dans le cas de l'archet, percussion dans le cas du piano, pincement dans le cas du clavecin, etc.). Mais qu'est-ce exactement que les harmoniques ?

Le son produit par une corde vibrante dépend de sa longueur.

Choisissons une corde qui émet un *do* grave lorsqu'on la gratte en son milieu. Le son émis est appelé *fondamental*. Il correspond à une vibration de la corde maximale au milieu – on dit qu'il s'agit d'un *ventre de vibration* – et nulle, bien sûr, aux extrémités. Mais la même corde peut vibrer d'une infinité d'autres manières. Elle peut, au contraire, ne pas vibrer du tout en son milieu – il s'agit alors d'un *nœud de vibration* – et subir une vibration maximale en deux points situés au quart et aux trois quarts de sa longueur. Le son émis est alors aussi un *do*, mais à l'octave supérieure. C'est la première harmonique.

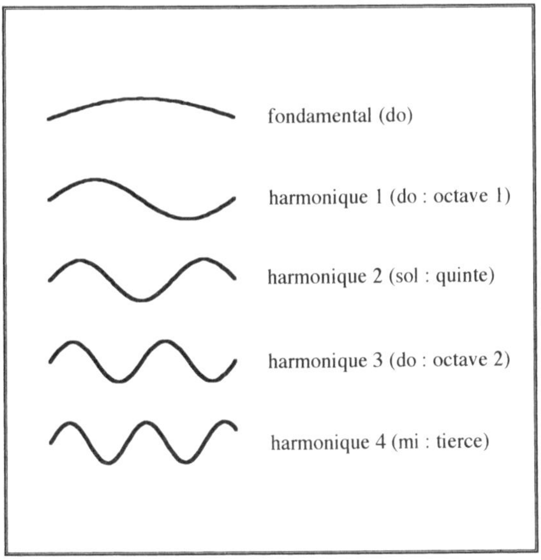

9.1. La vibration fondamentale
et les quatre premières harmoniques d'une corde vibrante.

La deuxième harmonique est obtenue pour trois ventres de vibration. Ils sont séparés par deux nœuds, situés au tiers et aux deux tiers de la longueur. La note obtenue est le premier *sol* plus aigu que le *do* de la première harmonique. L'intervalle musical entre ce *do* et ce *sol* est appelé la *quinte*. La troisième harmonique correspond à quatre ventres et trois nœuds. C'est encore un *do*, une octave au-dessus de celle de la première harmonique. La quatrième correspond à cinq ventres et quatre nœuds. C'est un *mi*. L'intervalle musical entre le *do* et le *mi* est appelé la tierce. Et ainsi de suite…

Lorsqu'une corde de violoncelle est excitée par un archet, toutes les harmoniques jouent en même temps, à des degrés différents, et la forme de la « caisse » de l'instrument conduit certaines des harmoniques à résonner plus que d'autres. Il en va de même pour tous les instruments : cordes, vents – c'est alors l'air qui entre directement en vibration –, percussions – il s'agit alors de membranes ou de toutes sortes d'autres corps vibrants –, etc. La résonance des instruments de musique est en réalité un phénomène très complexe, laissé au génie des luthiers et autres constructeurs…

La quinte du loup

Tout le monde connaît l'accord musical de trois sons le plus pur, le plus stable, appelé « accord parfait », obtenu en jouant en même temps un son fondamental et ses deux premières harmoniques (*do-mi-sol, ré-fa dièse-la* , etc.). La quinte – première harmonique – représente l'intervalle de base (*do-sol, ré-la, mi-si*, etc.). C'est l'intervalle de choix sonné par le cor, le soir au fond des bois – ou pour les fêtes de la Saint-Hubert, patron de la chasse. Lorsqu'elle est bien accordée, la quinte est l'intervalle le plus pur, le plus sobre, le plus parfait qui soit… mais en même temps, et pour cette raison même, elle paraît un peu « vide » à nos oreilles musicales.

Il est possible d'enchaîner des intervalles de quintes successifs : *do-sol, sol-ré, ré-la, la-mi, mi-si, si-fa dièse, fa dièse-do dièse, do dièse-sol dièse,* etc. C'est même ainsi que Pythagore construisit la gamme classique encore utilisée de nos jours. Mais c'est alors que la musique se moque de nous. Si l'on accorde, par exemple sur un piano, des intervalles de quintes successives de manière parfaite, on obtient la note *sol* bien accordée à partir du *do*, puis le *ré*, puis le *la*, puis le *mi*… et l'on finit par retomber presque sur la note *do* de départ – aux octaves près –, mais presque seulement !

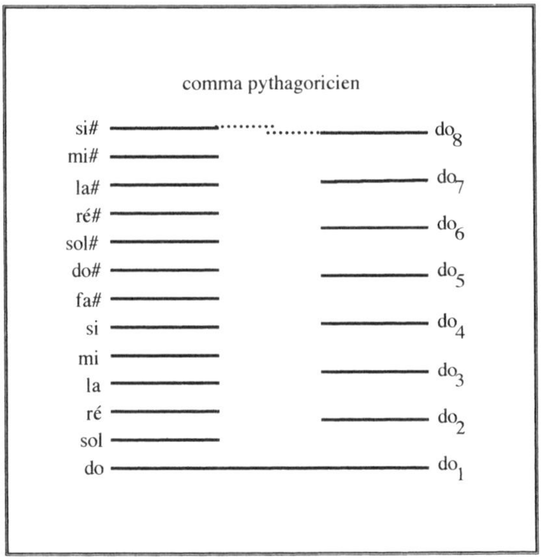

9.2. Les quintes successives
et la mise en évidence du comma pythagoricien.

La différence entre la note obtenue et la note de départ, à peu près d'un neuvième de ton, est appelée le *comma pythagoricien*. Il est impossible de boucler la ronde des quintes : on tombe juste à côté ! C'est comme un défi de la musique qui nous dirait : décidément non, rien ne peut être parfait. Si l'on décide de fermer quand même la boucle sur la note de départ, la dernière quinte est fausse. Lorsqu'on la joue, on entend des battements parce que l'accord des harmoniques n'est pas parfait. Ce genre de défaut, en musique, s'appelle un « loup », peut-être à cause des battements qui, avec un peu d'imagination, peuvent faire penser aux hurlements de l'animal, étouffés dans le lointain. C'est ainsi que cet enfant bancal de la ronde des quintes est appelé la « quinte du loup ».

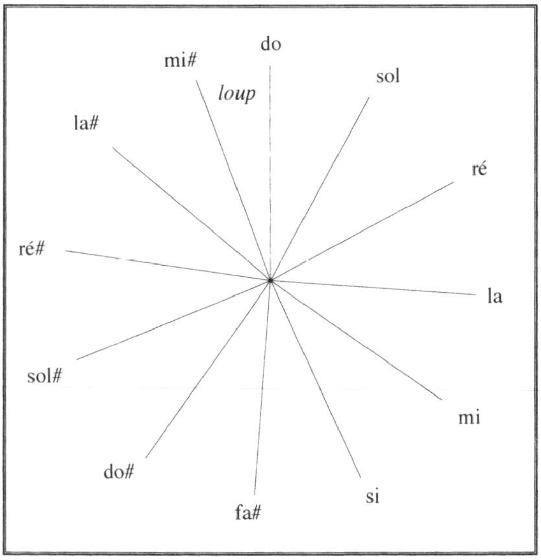

9.3. La ronde des quintes et la quinte du loup, sur fa (mi#) do.

La leçon de la musique

Mais quelle leçon nous donne ainsi la musique ! Cette imperfection, cette impossibilité de fermeture, cela transforme ce qui aurait pu être une boucle fermée en une spirale ouverte sur l'infini, vers une autre dimension. Sans cette imperfection, la musique aurait pu se retrouver codifiée, froide et statique. L'imperfection oblige à sortir de la codification pour laisser libre cours à l'interprétation.

Quelle attitude prendre pour gérer une telle situation ? Il est possible de fermer la boucle des quintes à l'aide d'une petite tricherie : c'est le clavier tempéré. Au lieu d'accorder les notes du clavier de proche en proche en respectant des quintes parfaites, l'accordeur les décale très légèrement, d'une manière insensible aux oreilles non exercées, de telle façon qu'il retombe finalement sur la note de départ en gommant la quinte du loup. Le comma pythagoricien est partagé entre toutes les quintes du clavier. Il existe plusieurs manières de faire ce partage, qui reste le libre choix de l'accordeur. Les pianos ne sont pas tous accordés de la même manière, et la différence de couleur qui en résulte peut être sensible aux oreilles musiciennes.

Une fois le clavier accordé d'une manière tempérée, il est possible d'y transposer une œuvre dans toutes les tonalités : la musique est préservée, plus grave ou plus aiguë. Ce n'était pas le cas avant l'introduction du clavier tempéré : il fallait alors jouer la musique dans la tonalité prévue au départ, pour ne pas la défigurer. On ne parlait d'ailleurs pas alors de tonalité, mais de modes musicaux : mode de *ré*, mode de *la*, etc.

Dans le clavier tempéré, les dièses et les bémols sont devenus redondants : un *la dièse* équivaut exactement à un *si bémol*. Ce n'est pas le cas si l'on quitte le tempérament : un *si bémol* doit en réalité se jouer légèrement plus grave qu'un *la dièse*. C'est ainsi que tous les instruments pour lesquels, contrairement au piano, la hauteur des notes n'est pas fixée – depuis les instruments à corde jusqu'à la voix humaine en passant par les instruments à vent – ont une richesse d'interprétation beaucoup plus grande. Selon sa sensibilité, un chanteur de haut niveau joue avec les demi-tons, il les augmente ou les diminue subtilement et exalte ainsi l'émotion ressentie à travers son interprétation.

L'existence de la quinte du loup représente un puissant symbole : c'est le hiatus, c'est l'imperfection créatrice. A cause d'elle, ou grâce à elle, rien n'est parfait dans la musique, mais c'est justement cette imperfection qui permet la créativité et l'évolution.

Rien n'est parfait non plus dans le monde, et nous devons l'accepter, comme un signe de richesse. Nous vivons dans une dynamique, et c'est dans l'imperfection créatrice, dans le passage, dans l'éphémère, dans l'évolution, que nous trouvons notre raison de vivre.

Hiatus

Le rêve de nombreux scientifiques, à chaque étape de l'évolution des connaissances, serait de découvrir une belle théorie universelle, complète, sans faille, qui explique tout, d'une manière logique. Une théorie claire et propre qui, au moins dans un premier temps, se présente comme un point d'ancrage, un repos, un refuge dans la complexité du monde réel. Mais, lorsque la théorie est poussée dans ses derniers retranchements, apparaît toujours le hiatus [1], le défaut qui lui permet de passer dans une dimension nouvelle. On comprend alors que ce point d'ancrage n'était qu'une étape, nécessaire mais éphémère, sur le chemin de notre compréhension du monde.

L'exemple le plus classique d'une théorie scientifique bouclée sur elle-même, où le hiatus a été absorbé au maximum jusqu'à ce qu'il éclate, c'est la théorie des épicycles de Ptolémée. La Terre étant considérée comme le centre du monde, le Soleil, la Lune et les planètes auraient dû décrire dans le ciel des trajectoires circulaires parfaites. Mais les planètes ne se comportent pas selon un schéma aussi simple. Elles semblent parfois reculer pour repartir ensuite à nouveau dans la même direction. Pour expliquer ce phénomène, Ptolémée considérait que chaque planète décrivait

1. « Hiatus : rencontre de deux mêmes voyelles prononcées à la suite l'une de l'autre (ex. : j'ai à aller). Fig. : solution de continuité (dans un objet, un ouvrage littéraire, une généalogie) ; interruption » (Dictionnaire Larousse).

Dans quel ouvrage était insérée cette carte ?

....

....

Nom et adresse de votre libraire:

....

....

....

Noms et adresses des personnes auxquelles nous pourrions envoyer notre catalogue:

....

....

....

....

....

Date:..............................

carte postale

Albin Michel
Sciences Humaines
22, rue Huyghens
75014 Paris

Si vous désirez être informés de nos publications,
veuillez nous retourner cette carte dûment complétée.

NOM ....

Prénom ....

Adresse ....

....

....

Profession ....

A quelles disciplines vous interessez-vous particulièrement ?

- ❏ anthropologie-ethnologie
- ❏ philosophie
- ❏ histoire
- ❏ histoire des sciences/épistémologie
- ❏ sciences
- ❏ psychologie/psychanalyse
- ❏ économie
- ❏ esthétique

Quelles collections retiennent votre attention ?

- ❏ Bibliothèque AM idées
- ❏ Bibliothèque AM sciences
- ❏ Bibliothèque AM histoire
- ❏ Evolution de l'humanité (grand format et poche)
- ❏ Bibliothèque de l'hermétisme
- ❏ Sciences et symboles
- ❏ Bibliothèque du collège international de philosophie

un petit cercle (épicycle), dont le centre lui-même décrivait un cercle parfait autour de la Terre.

Le modèle de Ptolémée rendait bien compte, à son époque, des observations. Il les représentait aussi bien que le modèle héliocentrique de Copernic. Mais il était fermé sur lui-même, incapable de conduire à une nouvelle évolution de la connaissance. Le modèle de Copernic ouvrait la boucle vers une autre dimension : celle du mouvement de la Terre dans l'espace. Dès lors que cette nouvelle dimension était acceptée, le modèle de Copernic devenait plus simple que celui de Ptolémée, et ouvert sur l'avenir. Les mesures du mouvement des planètes montrèrent ensuite que leurs trajectoires se comportaient comme des ellipses plutôt que des cercles, ce qui pouvait s'expliquer par l'effet de la gravité – les *lois de Kepler*.

Plus tard, le raffinement des observations permit de mettre en évidence un phénomène encore plus subtil, en particulier pour la planète Mercure, la plus proche du Soleil. C'est que le grand axe de l'ellipse, trajectoire de la planète, n'est pas fixe. Il tourne lui-même autour du Soleil. Ce phénomène, incompréhensible dans le cadre de la théorie de Newton de la gravité, est connu sous le nom d'« avance du périhélie de Mercure ». Il s'explique parfaitement bien dans le cadre de la théorie d'Einstein, dont il constitue un grand succès. Si une planète, plutôt que d'être « attirée » par le Soleil sous l'effet supposé d'une force comme le pensait Newton, se déplace dans un espace courbé par lui, le mouvement qu'elle décrit subit une « précession ». Il ne s'agit plus alors d'une ellipse fermée, mais d'une sorte de rosace qui ne se reboucle jamais !

L'œuf et la poule

Cette réflexion au sujet des boucles refermées sur elles-mêmes et de leur ouverture par le passage dans une autre dimension rejoint tout naturellement la question des paradoxes, phénomènes fondamentaux dans le cadre de l'évolution de la connaissance. Qu'est-ce qu'un paradoxe ? Etymologiquement, un événement qui sort de la *doxa*, la doctrine établie. Généralement, on appelle ainsi un phénomène inexplicable, de telle sorte que la solution du problème posé conduirait à poser un nouveau problème, lequel ne pourrait être résolu qu'en revenant au premier. C'est un « cercle vicieux ».

Un des paradoxes les plus connus, c'est celui de l'œuf et de la poule : l'œuf devient poule, qui pond un œuf, qui devient poule, qui pond un œuf... Qui a commencé ? l'œuf ou la poule ? La solution de ce paradoxe se trouve, bien évidemment, dans l'ouverture du cercle vers la dimension temporelle. L'œuf n'a pas toujours été œuf, et la poule n'a pas toujours été poule. Le cercle vicieux n'en est pas un, car il n'est pas fermé. C'est une spirale ouverte dans la direction du temps. L'ensemble du système reproductif actuel des volailles s'est mis en place petit à petit au cours de l'évolution des espèces.

La raison pour laquelle ce phénomène peut apparaître comme un paradoxe, c'est que l'échelle de temps d'évolution des espèces est immensément grande par rapport à une vie humaine. Lorsque nous regardons les poules pondre des œufs et les œufs éclore, nous ne voyons aucun changement dans le processus d'une fois sur l'autre. Et pourtant, à l'échelle de l'Univers, ce changement a bien eu lieu !

Une image intéressante serait de parler d'« épaisseur » du cercle vicieux, l'épaisseur représentant son développement dans la nouvelle dimension, celle qui permet d'en sortir[1]. A notre échelle, l'épaisseur du cercle « œuf-poule » est trop faible pour que nous en ayons conscience. Mais à l'échelle du monde, elle se développe en une spirale infinie.

1. Ce concept se complique si le développement du cercle se fait dans un grand nombre de dimensions à la fois...

Boucles étranges

Annuler le développement des cercles vicieux, « écraser » les spirales pour les réduire à des boucles se refermant sur elles-mêmes, cela peut devenir un jeu passionnant, ouvrant sur un grand nombre de développements à la fois dans le cadre d'une étude logique, et dans celui de la création artistique. C'est le thème du fascinant livre de Douglas Hofstadter, *Gödel, Escher, Bach, les brins d'une guirlande éternelle*[1].

Dans son livre, Hofstadter définit ce qu'il appelle une « boucle étrange » – notre cercle vicieux – de la manière suivante : « Le phénomène de Boucle Étrange se produit chaque fois que, à la suite d'une élévation (ou d'une descente) le long de l'échelle d'un système hiérarchique quelconque, nous nous retrouvons, à notre grande surprise, au point de départ. » Nous retrouvons, au cours du livre, un foisonnement passionnant et très divertissant de boucles étranges chez le mathématicien, l'artiste et le compositeur – sans oublier celles de l'auteur lui-même.

Chez J.-S. Bach, par exemple, le « canon per tonos », rebaptisé par Hofstadter « canon éternellement remontant » (ce qui en dit long, à priori, sur le fait que cette boucle repliée sur elle-même est en fait l'image d'une spirale infinie), est un canon conçu de telle sorte que chaque reprise du thème se fait, d'une manière insensible, un ton au-dessus du précédent. Après six reprises, le chant se retrouve dans la tonalité de départ – à l'octave supérieure cependant. La boucle est bouclée ! (Il ne faut pas oublier pour comprendre ce phénomène que, si la gamme classique comprend sept notes, elle ne comprend que six tons, puisque deux des intervalles de la gamme sont des demi-tons.)

1. Interéditions, 1985.

© 1997 Cordon Art, Baarn, Hollande. D.R.

9.4. Escher : Mouvement perpétuel.

Il est intéressant de comparer cette astuce musicale à celles des gravures de M. C. Escher, *Mouvement perpétuel* ou *Montée et descente.*

Dans la première gravure, il s'agit d'eau qui s'écoule vers le bas en zigzaguant... pour se retrouver comme par enchantement au-dessus du point de départ et y retomber comme une chute d'eau entraînant la roue d'un moulin ! Dans la seconde gravure, ce sont des personnages qui montent (ou qui descendent) un escalier et se retrouvent à leur point de départ.

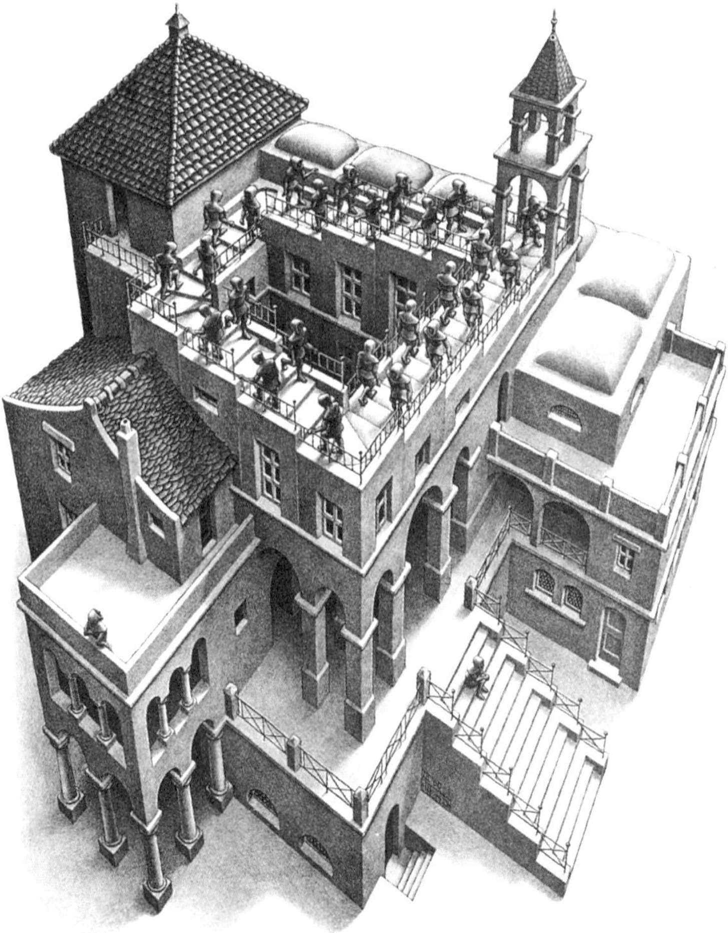

9.5. Escher : Montée et descente.

Le fait que ces paradoxes représentent en réalité une ouverture vers l'infini est très bien exprimé par Hofstadter : « Le concept de Boucle Étrange contient implicitement le concept d'infini, écrit-il, car qu'est-ce qu'une boucle si ce n'est une forme de représentation d'un processus infini d'une façon finie ? »

Étirer la spirale

Regardons à nouveau la gravure *Montée et descente*. Cette montée éternelle des personnages qui se retrouvent à leur point de départ contient bien sûr une astuce. Après un tour complet, ils devraient arriver au-dessus du point de départ, mais la hauteur a été écrasée par l'artiste, l'épaisseur du cercle annulée, les spires de la spirale collées. Tout ce qui fait le génie d'Escher, c'est qu'il réussit à obtenir ce résultat de manière insensible. Aucune discontinuité n'est visible dans son dessin. Le hiatus, dans la gravure d'Escher, c'est la différence de hauteur entre le départ et l'arrivée. Il a été gommé en étant partagé subrepticement tout au long du trajet.

On retrouve ainsi la même astuce que celle du clavier tempéré, où la quinte du loup est gommée en étant émiettée tout au long de la gamme. Le « canon per tonos » n'aurait jamais pu exister sans cette astuce, car il repose sur la possibilité de passer insensiblement dans la tonalité supérieure.

Pourquoi ces boucles étranges nous exaltent-elles à ce point ? Pourquoi sommes-nous impressionnés et subjugués par les gravures d'Escher ? Je pense que nous avons besoin d'ouverture sur l'infini, de passage dans une autre dimension, et que paradoxalement ces boucles fermées, repliées sur elle-mêmes, nous entraînent vers l'infini. Nous ne nous y trompons pas !

Paradoxes logiques

Il est bien difficile de comprendre, et à fortiori d'expliquer, le fameux « théorème d'incomplétude » de Kurt Gödel et je ne m'y risquerai pas. Il suffit de savoir que ce théorème concerne la théorie des nombres, et que Gödel a montré qu'aucun système d'axiomes quel qu'il soit ne pouvait représenter la complexité des nombres naturels. La raison, c'est que, parmi un tel ensemble d'axiomes, il en existe immanquablement qui sont indémontrables, parce que en quelque sorte ils se « rebouclent » eux-mêmes. Gödel a ainsi montré que le monde naturel n'est pas codifiable par la logique, d'une manière complète.

Nous sommes ici dans le domaine des paradoxes logiques, qu'il est intéressant d'étudier de façon plus simple et plus proche de notre vie courante. Le plus connu de ces paradoxes est probablement le « paradoxe d'Épiménide », ou « paradoxe du Crétois ». Il est simple à formuler : « Épiménide, philosophe crétois, dit : Tous les Crétois sont menteurs. » Comme le mentionne Hofstadter, le même paradoxe peut se formuler encore plus simplement par : « Je mens ! » Il est impossible de s'en sortir dans le cadre d'une logique rigoureuse : si je mens en disant que je mens, alors je dis la vérité, mais alors je mens…

Un paradoxe logique plus complexe, mais aussi plus proche de l'idée de Gödel, est le « paradoxe de Russell ». Essayons de le décrire. Lorsque l'on parle d'un ensemble d'objets, par exemple un ensemble de pommes dans une corbeille, l'ensemble n'est pas, en général, un élément de lui-même (un ensemble de pommes n'est pas une pomme). On peut cependant imaginer des ensembles qui se contiennent eux-mêmes. Par exemple : l'ensemble de tout sauf la corbeille de pommes ! Appelons, à la suite d'Hofstadter, « ensemble quelconque » un ensemble qui ne se contient pas lui-même, et « ensemble auto-inclusif » un ensemble qui se contient lui-même. Que pensez-vous de l'ensemble des ensembles quelconques ? Si c'est un ensemble quelconque, il se contient lui-même puisqu'il est, par définition, l'ensemble des ensembles quelconques. Mais s'il se contient lui-même, alors il est auto-inclusif et non pas quelconque ! Il est impossible de s'en sortir mieux que pour le paradoxe du Crétois, mais ici, c'est la théorie des ensembles qui est remise en cause.

Logique floue

Tous ces paradoxes logiques représentent des cercles vicieux dont il semble bien difficile de sortir : où se trouve donc le hiatus ? C'est qu'ils sont construits dans le cadre d'une logique binaire (tout ou rien, blanc ou noir, un ou zéro). Les Crétois sont menteurs, dit Épiménide. Il n'existe, dans cette histoire, que deux possibilités : mentir ou ne pas mentir. L'affirmation d'Épiménide est péremptoire : tous les Crétois mentent et ils mentent toujours. Le paradoxe n'est possible que sous cette condition. En réalité, la situation ne se présente jamais ainsi : il est impossible de schématiser le comportement des Crétois par ce simple mot : ils mentent ! Même s'ils ont la fâcheuse habitude de ne pas toujours dire la vérité (d'après Épiménide, car je n'ai rien personnellement contre les Crétois !), il y a des degrés différents dans le mensonge, des subtilités, qui rendent le paradoxe beaucoup moins clair.

« Entre l'obscurité du mensonge et le cynisme de la transparence, il y a place pour toute une gamme de clairs-obscurs où la vérité est sue mais tue, ou volontairement ignorée… Il n'y a de bonne intimité que dans le crépusculaire… » (Michel Tournier).

De même lorsque je dis : « Je mens », je n'affirme pas que je mens toujours et partout. J'affirme seulement que je mens au moment où je dis : « Je mens. » Le paradoxe n'est qu'un jeu momentané, dont ne dépend pas mon comportement général dans l'existence.

Qu'en est-il du paradoxe de Russell ? Il repose sur la notion d'ensembles complémentaires exclusifs. On considère, par exemple, l'ensemble des pommes qui se trouvent dans la corbeille, et l'ensemble de tout sauf les pommes qui se trouvent dans la corbeille. Ces deux ensembles sont complémentaires, car à eux deux ils sont tout, et ils sont exclusifs car un objet qui fait partie de l'un ne peut pas faire partie de l'autre. De même les ensembles « quelconques » et « auto-inclusifs » sont exclusifs : un ensemble ne peut pas, dans cette logique, être à la fois quelconque et auto-inclusif. C'est ici que se trouve le hiatus, puisque l'ensemble des ensembles quelconques se trouve être à la fois l'un et l'autre, ou bien ni l'un ni l'autre !

Toutes ces considérations ont conduit à l'avènement récent d'une autre logique, plus proche du fonctionnement de l'homme, la « logique floue ». Dans le cadre de cette nouvelle logique, si l'on considère deux ensembles complémentaires, un élément peut se trouver partiellement d'un côté, partiellement de l'autre. Il y a en fait une certaine probabilité qu'il se trouve ici, une probabilité complémentaire qu'il se trouve là. Cette nouvelle logique permet de se sortir du paradoxe en introduisant une nouvelle dimension. Elle donne beaucoup de souplesse à la robotique, qui fonctionnait jusqu'ici selon une logique binaire, et qui se rapproche ainsi du fonctionnement du cerveau humain. La nouvelle machine fonctionne comme un réseau de neurones reliés par des synapses et la mise en place de sa logique interne se fait de manière globale, par une « éducation » appropriée.

Paradoxe anthropique

La fameuse gravure de M. C. Escher appelée *L'Exposition d'estampes* représente un jeune homme occupé à regarder un tableau dans une exposition. Ce tableau se déforme, se développe en spirale pour finalement englober tout l'environnement… y compris le jeune homme lui-même, en train de regarder le tableau… C'est une merveille de « boucle étrange », de fermeture du cercle : l'homme regarde le tableau dans lequel il se trouve lui-même !

Cette gravure représente une belle symbolisation du paradoxe le plus immense que nous puissions imaginer, la plus grande

9.6 Escher : L'Exposition d'estampes.

boucle étrange que nous puissions concevoir, que je propose d'appeler le *paradoxe anthropique* et que je formulerai de la manière suivante : « L'homme découvre l'Univers dont il est issu et dans lequel il est inclus. » L'homme étudie l'Univers dont il fait lui-même partie : en a-t-il le droit ? Peut-il étudier l'Univers comme un « objet » extérieur à lui-même alors qu'il se trouve dedans ? C'est un beau sujet d'études philosophiques qui a déjà fait couler beaucoup d'encre. Il nous faut découvrir le hiatus inclus dans la fermeture de ce Cercle universel et la nouvelle dimension vers laquelle ouvrir la boucle ! Lorsque l'on y pense, cela donne le vertige !

Cette question prend un sens nouveau lorsque l'on découvre que l'Univers a très précisément les propriétés qui nous permettent d'exister, alors que les calculs mathématiques permettent de concevoir une infinité de types possibles d'Univers différents, dans lesquels la vie n'aurait pas pu se développer. Pourquoi l'Univers possède-t-il justement ces propriétés ?

Cette question a conduit le cosmologiste Brandon Carter à formuler, en 1974, une proposition à laquelle il a donné le nom de *principe anthropique*. Il a, en fait, proposé deux formulations de ce *principe* : une « faible » et une « forte ». La formulation « faible » est irréfutable : elle affirme simplement que les caractéristiques d'un Univers observé par des êtres intelligents sont obligatoirement celles qui ont permis l'évolution de la complexité jusqu'à l'existence de ces mêmes observateurs. On peut prétendre que ce principe est une simple vérité de La Palice : si l'Univers n'avait pas les caractéristiques en question, nous ne serions pas ici pour le faire remarquer. L'idée est cependant plus profonde. Elle représente le fait que nos observations sont « biaisées » par notre propre existence. C'est une autre manière de présenter la « boucle étrange ».

La formulation « forte » du principe anthropique de Brandon Carter suppose que l'Univers ne peut exister que si ses caractéristiques permettent l'évolution de la complexité jusqu'à des observateurs conscients capables de l'observer. Autrement dit, l'existence de l'observateur en son sein est nécessaire à l'existence même de l'Univers. Cette formulation, un peu hardie, reçoit un éclairage nouveau lorsqu'elle est discutée en termes de physique quantique. Nous savons en effet que tout observateur « perturbe » l'objet qu'il étudie, et que cet objet n'est plus le même après la mesure effectuée. C'est ainsi qu'il n'est plus possible de concevoir un objet indépendamment de l'observateur qui l'examine : ils « font un tout ». Pourquoi n'en serait-il pas de même avec l'Univers dans son ensemble ?

Pouvons-nous espérer trouver un jour une direction de réponse à cette vertigineuse question ? L'Homme est toujours prêt à se dépasser lui-même, et de nombreuses recherches se font en ce sens. Est-ce un leurre, ou une ouverture vers un nouvel infini ? Ce sont en tout cas des recherches passionnantes qui touchent les fondements de notre existence.

La saga des constantes

Le paradoxe anthropique peut s'exprimer d'une manière explicite par une discussion sur l'ajustement extraordinaire des constantes de la physique. Nous appelons ainsi les constantes qui interviennent dans les interactions fondamentales de la physique et qui sont déterminées par l'expérience, comme la constante de la gravitation, ainsi que d'autres quantités fondamentales dont la valeur est mesurée, par exemple la masse de l'électron. À priori, dans le cadre actuel de la physique, nous ne savons pas d'où viennent les valeurs de ces constantes, ni si ces valeurs, extrêmement différentes les unes des autres, ont entre elles un lien quelconque.

Ce que nous savons, en revanche, c'est que si ces constantes avaient des valeurs très légèrement différentes de celles que nous leur connaissons, nous n'aurions jamais pu exister. Il suffit, pour s'en convaincre, de se rappeler que nos fonctions biologiques reposent sur la chimie du carbone. Sans carbone, pas de vie. Le carbone ne suffit d'ailleurs pas à notre existence, nous le savons : il nous faut aussi toutes les sortes d'éléments chimiques, y compris le calcium, le fer, etc. Il est donc nécessaire que l'Univers ait eu le temps de fabriquer ces éléments, avant qu'ils puissent s'assembler d'une manière complexe sur notre planète.

Nous savons que ces éléments ont été formés dans des étoiles, avant même que le Soleil et son cortège de planètes ne se condensent. Il a donc fallu suffisamment de temps pour qu'au moins une première génération d'étoiles se forment, effectuent leur travail de transformation des éléments par réactions nucléaires, puis disparaissent en éjectant une grande partie de leur matière dans le gaz galactique. Cette première étape était absolument nécessaire dans l'évolution de l'Univers pour qu'ensuite le Soleil et la Terre (ainsi d'ailleurs que d'autres étoiles et planètes !) contiennent les éléments nécessaires à la vie.

Ensuite, il a fallu le temps que cette vie puisse apparaître sur Terre. Nous ne savons pas précisément, malgré plusieurs théories proposées, comment cette transformation s'est produite, mais nous savons qu'il a fallu beaucoup de temps, et que l'existence de l'homme se situe finalement à une époque correspondant à la moitié du temps de vie du Soleil.

Pour que tout cela ait pu se produire, il fallait d'une part que les étoiles puissent se condenser dans l'Univers, d'une manière relativement rapide, d'autre part que l'Univers leur laisse le temps d'évoluer pendant au moins plusieurs milliards d'années. C'est ainsi que nous pouvons revenir à cette constatation étonnante : si les constantes de la physique, à première vue indépendantes les unes des autres, avaient eu des valeurs très légèrement différentes, l'évolution de la complexité qui a donné naissance à la vie n'aurait jamais pu avoir lieu. Si, par exemple, la constante de la gravitation avait été un peu plus faible, les étoiles n'auraient pas pu se condenser. Si elle avait été un peu plus élevée, l'Univers se serait effondré sur lui-même trop vite pour laisser le temps aux étoiles de fabriquer les éléments de la vie.

Il faut donc nous rendre à l'évidence : l'Univers est « programmé » pour pouvoir accoucher des étoiles, et par là même de la vie ! Est-ce un hasard, ou une nécessité ?

« Théorie du Tout »

Pourquoi les constantes de la physique ont-elles justement les valeurs nécessaires pour que l'Univers ait pu élaborer des êtres capables de l'observer et de l'étudier ? Nous pouvons retourner aux formulations du *principe anthropique* en les modifiant légèrement. La première réponse, de caractère « faible », peut s'exprimer sous la forme « si ce n'était pas le cas, nous ne serions pas là... » Cette réponse est simple et claire mais ne nous mène pas bien loin. La deuxième réponse, « forte », s'exprime plutôt sous la forme d'une nouvelle question : est-il possible que toutes ces constantes ne soient pas vraiment indépendantes ? Est-il possible qu'elles soient reliées par des lois physiques aussi fondamentales que celles que nous connaissons déjà, mais à un autre niveau ? Est-il possible que ces lois conduisent immanquablement à ce que ces constantes « prennent » les valeurs que nous leur connaissons ? Dans ces conditions il ne serait plus question d'un « ajustement extraordinaire » qui ait conduit à la vie dans l'Univers, mais d'un développement inéluctable, l'Univers devant alors immanquablement conduire au développement de la vie.

C'est ainsi que nous sommes à nouveau confrontés, à notre propre époque, à la recherche d'une théorie universelle. Cette Grande Théorie, supposée capable de tout expliquer, a été explicitement baptisée par les physiciens « Théorie du Tout ». Certains parlent aussi de « Théorie finale[1] ».

Qu'est-ce qu'une « Théorie du Tout » ? Je reprendrai la définition donnée par P.C.W. Davies et J. Brown dans l'introduction de leur livre *Superstrings, a Theory of Everything ?*[2] (traduction personnelle) : « La Théorie ultime du Tout devrait, idéalement, ne plus avoir besoin d'aucune expérience. Tout serait défini en fonction de tout le reste. Il ne resterait qu'un seul paramètre indéterminé, pour définir l'échelle des unités dans laquelle les éléments de la théorie seraient quantifiés. »

Nous retrouvons bien la boucle dans cette définition, puisque

1. Voir le livre de Steven Weinberg, *Dreams for a Final Theory*, Vintage Books, New York, 1992.

2. Cambridge University Press, 1988.

« tout serait défini en fonction de tout le reste », mais son ouverture est explicitée : c'est le paramètre indéterminé, auquel il est impossible d'échapper.

Pour ma part, dans le but d'éviter toute ambiguïté, je préférerais appeler cela, plus simplement et plus modestement, « théorie unifiée ». Si une telle théorie était découverte, notre présence au monde serait prouvée comme inéluctable dans le développement de l'Univers. Mais la raison de ce développement, et l'origine de l'Univers lui-même, resterait de toutes manières une question ouverte.

Grande Unification

Si nous réfléchissons à l'évolution de nos connaissances, depuis que l'humanité existe, nous nous apercevons que la démarche scientifique conduit systématiquement, pas à pas, vers une plus grande unification de l'homme et de l'Univers.

Les scientifiques décrivent actuellement le monde physique sur la base des quatre « interactions fondamentales » : l'interaction gravitationnelle, l'interaction électromagnétique et les interactions nucléaires forte et faible. L'une de ces interactions, l'interaction electromagnétique, est déjà le résultat d'une unification : jusqu'au milieu du XIXe siècle, l'électricité et le magnétisme étaient considérés comme deux phénomènes différents. Ce sont les travaux de James C. Maxwell (vers 1850) qui ont prouvé qu'ils n'existaient pas l'un sans l'autre : ils ont alors été unifiés comme deux manifestations différentes d'une même interaction.

Plus récemment les physiciens Steven Weinberg, Abdus Salam et Sheldon Glashow ont prouvé, on l'a vu, l'unification à grande énergie des interactions électromagnétique et faible : c'est devenu l'interaction « électrofaible ». Les physiciens recherchent à présent l'unification possible de cette interaction « électrofaible » avec l'interaction forte, ce qui porte le nom de « théorie de Grande Unification ». Une telle théorie n'existe pas encore d'une manière convaincante. Plusieurs approches pour tenter d'englober ces interactions en une seule ont été tentées. L'un des problèmes, c'est qu'elles prédisent une instabilité du proton. Plus précisément, le proton devrait se désintégrer au bout de 10^{32} années environ. Cette échelle de temps est très longue, beaucoup plus longue que l'âge de l'Univers, mais elle aurait quand même pu être mesurée grâce à des détecteurs gigantesques construits spécialement dans ce but (en particulier dans le tunnel de Fréjus, près de Modane). Malheureusement le proton s'est révélé réfractaire à toute désintégration. La « Grande Unification » n'est pas encore atteinte !

Quant à unifier l'interaction gravitationnelle avec les trois autres, nous en sommes encore loin. La difficulté principale vient de ce que la gravité est traitée d'une manière continue, par la théorie de la relativité générale, alors que les trois autres interactions sont étudiées d'une manière quantique. Il faut donc mettre au point une théorie quantique de la gravité. Plusieurs approches ont été proposées pour résoudre cette difficulté, en particulier celle des « supercordes », mais aucune n'est concluante. Les scientifiques ont encore beaucoup de travail à accomplir avant de pouvoir réaliser l'unification de la physique !

Retour à la musique

> *« Les mauvais musiciens n'entendent pas ce qu'ils jouent.*
> *Les médiocres pourraient l'entendre mais ils n'écoutent pas.*
> *Les musiciens moyens entendent ce qu'ils* ont *joué.*
> *Seuls les bons musiciens entendent ce qu'ils* vont *jouer. »*
>
> Edgar Willems, *L'Oreille musicale*[1]

Il n'est pas toujours facile de diriger son regard vers l'infini. Il est souvent plus rassurant de fermer les yeux et de se laisser distraire par l'excitation d'activités à court terme (le *divertissement* pascalien !). Mais refuser l'ouverture, la remise en question, c'est aller à l'encontre de ce que nous enseigne notre découverte scientifique du monde. Plus grave encore : c'est laisser libre cours aux extrémismes, au refus de la discussion par l'imposition d'un dogme. Méfions-nous des « verrous » qui ferment l'ouverture vers l'avenir, même s'ils semblent rassurants à priori !

L'homme a tellement peur de l'inconnu qu'il a besoin de s'inventer continuellement des réponses aux questions qui n'en ont pas, ou qui n'en ont pas encore. « Pourquoi l'inconnu est-il infiniment plus terrifiant que le plus redoutable des événements connus ? » demande Christiaan Barnard dans son livre *Choisir sa vie, choisir sa mort*[2].

Comme il est difficile de dire « je ne sais pas », ou même « je ne sais pas encore » ! Et pourtant, tout savoir serait la vraie mort. Ce serait la fin du monde, l'engluement universel. Notre intérêt, c'est d'avoir la liberté de réfléchir, de chercher, de découvrir, de créer, dans la mesure de nos moyens, et selon nos

1. Éd. Pro Musica, Fribourg, 1984.
2. Éd. Belfond, 1981.

possibilités. L'art, comme la science, sort de la médiocrité dans la mesure où il se projette vers l'avenir, comme une participation à la grande aventure de l'évolution, dans un climat d'ouverture au monde et de tolérance.

10

Le bonheur est dans le pré

Sous un ciel bleu azur, une petite fille gambade sur un chemin de terre au milieu des champs. Elle a envie de courir au milieu des jolies pousses vert tendre, de quitter ce chemin monotone pour partir à l'aventure. J'entends sa maman lui dire avec douceur : « Mais voyons, tu ne peux pas aller dans les champs, tu n'en as pas le droit.... » Je ressens brutalement cette interdiction comme si elle m'était destinée. Je m'identifie à cette enfant si gaie et si vivante, qui reçoit comme une castration violente ce que sa mère considère sans doute comme une remarque évidente et banale. Pourquoi ne pas prendre le temps d'expliquer simplement : « Si tu marchais dans les champs, tu écraserais ces jolies pousses et tu les empêcherais de devenir des épis de blé mûrs au cours de l'été. » Ce pourrait être l'occasion de raconter une belle histoire, une histoire vraie, celle de la nature, celle de la vie. Ce serait source d'éducation, dans le plaisir et la joie de vivre, au lieu de provoquer une frustration incompréhensible pour l'enfant.

Nous constatons chaque jour à quel point l'être humain qui se construit a soif d'apprendre et de comprendre. C'est une source de bonheur pour lui. L'enfant est d'ailleurs très exigeant sur ce point et ne se satisfait pas de réponses partielles. Chaque réponse assimilée entraîne un nouveau « pourquoi ? » qui laisse parfois les adultes bien démunis. Cette démarche, toute naturelle pour l'enfant, est celle du scientifique. Chaque enfant est un scientifique en herbe !

L'évolution de la connaissance fonctionne ainsi : chaque réponse obtenue ouvre la porte à de nouvelles questions. Nous ne savons pas tout, nous ne saurons jamais tout, mais le simple fait d'améliorer notre compréhension du monde est un plaisir pour nous. L'avancée des connaissances scientifiques est une partie intégrante de l'évolution de l'espèce humaine. Toutes les tentatives pour la contourner ou la ralentir ne l'ont jamais empêchée finalement de poursuivre son chemin.

Le savoir se construit lentement, patiemment. Il reste toujours imparfait, et cette inachèvement représente son ferment créatif. Il s'appuie sur les connaissances du passé, mais il se projette aussi vers l'avenir. La science nous permet ainsi de mieux appréhender le monde dans lequel nous vivons, et de nous situer par rapport à lui. Elle apporte constamment de nouveaux éléments de réflexion que nous sommes amenés à intégrer dans notre propre vie.

Créativité

Il est une image que je n'oublierai jamais. C'est celle d'un tout petit garçon de trois ans, porté sur les bras d'une dame en blouse blanche, et qui pleurait de détresse toutes les larmes de son corps en me regardant arriver avec des yeux agrandis d'horreur et de désespoir. La maîtresse bien intentionnée me montrait son visage tout barbouillé de couleurs vives en me disant : « Regardez le vilain enfant, il a trempé ses doigts dans les pots de peinture et s'en est mis partout ! Je lui ai dit que sa maman ne le reconnaîtrait pas ! »

Elle avait sans doute raison de vouloir enseigner aux jeunes enfants les règles de bonne conduite de notre société. Mais elle ne pouvait certainement pas imaginer qu'au centre maternel où le petit garçon venait de passer une année, au cours d'un séjour aux États-Unis, toutes les initiatives créatrices des petits enfants étaient immédiatement favorisées et reprises dans la joie par leurs camarades et leurs éducateurs ! Se barbouiller le visage était le signe d'un moment de bonheur partagé, le plaisir du déguisement et la découverte du monde par le jeu.

La construction personnelle de chaque individu consiste en une lutte permanente pour échapper aux normes établies et les dépasser, sans pour cela les rejeter à priori. Les normes sont indispensables, dans toutes les sociétés, pour leur permettre de subsister. Elles représentent le cadre général nécessaire sur lequel l'individu peut s'appuyer. Elles doivent cependant lui servir de tremplin, non de frein, pour la construction de sa propre personnalité. La difficulté, c'est de réussir à les intégrer, tout en se préservant la capacité d'y résister et de les dépasser. Tout au long de sa vie, l'individu reste tiraillé entre son besoin de fusion à l'intérieur du groupe, et la nécessité pour lui d'affirmer sa différence. Cette lutte, c'est le ferment de l'évolution.

Chaque être est unique. Chacun participe à la grande aventure de l'humanité à sa manière, par sa pensée, ses actions, ses créations, et cela lui procure du plaisir. La créativité, c'est la construction de l'individu, dans sa relation avec le cosmos. L'enfant est naturellement créatif. Si l'homme réussit à rester suffisamment en éveil pour le demeurer toute sa vie, il peut atteindre la plénitude. Vivre dans la plénitude, c'est faire de chaque instant de sa vie une œuvre d'art.

Conscience planétaire

En cette fin du XXe siècle, l'humanité vit sous le signe de la « conquête de l'espace ». Des cosmonautes naviguent en permanence autour de la Terre. Les hommes sont allés sur la Lune. Ils y retourneront dans peu de temps, et ils iront bientôt sur Mars. Les planètes, les étoiles et les galaxies envahissent les écrans de télévision. A chaque émission concernant la « météo », apparaît l'image de notre planète vue par satellite. Voir la Terre dans sa totalité est devenu une habitude quotidienne. Dès sa naissance, le petit homme est maintenant plongé dans cette vision globale de notre monde. Que de chemin parcouru depuis le premier globe terrestre construit en 1492 par le moine Martin Behaïm !

L'image la plus impressionnante de notre planète fut sans doute celle retransmise par la sonde spatiale *Voyager 2*, après son passage près de la planète Neptune. Loin dans son ciel à elle, la petite sonde nous a renvoyé sur nos écrans de télévision l'image d'un petit point bleuté, perdu dans l'immensité spatiale : la planète Terre !

Nous sommes très fiers d'aller dans l'espace, et nous avons de bonnes raisons de l'être : c'est une grande victoire de l'humanité d'avoir appris à échapper à la pesanteur. En ce sens, il s'agit vraiment d'une conquête. Mais le petit point bleu retransmis par *Voyager 2* nous replonge dans l'humilité qui ne devrait jamais nous quitter. Les vols habités gravitent autour de notre planète à une distance de 400 kilomètres environ : la moitié seulement de la distance de Toulouse à Paris, moins d'un dixième du rayon de la Terre ! La Lune, point ultime des voyages humains, se trouve à une seconde de lumière de nous, alors que la première étoile est à plusieurs années de lumière : nous sommes encore bien loin des voyages interstellaires.

On pense souvent que les cosmonautes naviguent très loin de nous parce qu'ils vivent en « microgravité ». Ces images qui nous les montrent flottant au milieu du vaisseau spatial nous transposent dans un monde qui nous semble mystérieux. Mais, dans la réalité, la gravité à 400 kilomètres au-dessus du sol est presque la même que la gravité au niveau zéro. Si les cosmonautes sont en « microgravité », ce n'est pas parce qu'ils sont loin. C'est simplement que leur mouvement rapide autour de la Terre provoque un effet centrifuge qui compense la gravité, ce qui est une condition nécessaire pour la stabilité du satellite en orbite.

La banlieue spatiale de notre planète reste bien proche de nous. Elle a permis cependant d'acquérir une vision générale de la Terre, auparavant inaccessible, et de mieux prendre conscience de sa globalité. Les cosmonautes qui ont eu la chance de « voler » à ces altitudes témoignent à leur retour de leur exaltation dans la contemplation du paysage planétaire.

Nous avons pris conscience de la globalité de la Terre mais aussi de sa fragilité. La couche d'air au-dessus de nos têtes est bien mince, et pourtant si importante ! Petit film protecteur, de quelques centaines de kilomètres d'épaisseur, sans lequel nous ne pourrions pas exister...

Réseaux

À l'époque où l'homme se situe lui-même dans l'espace, la communication devient quasi instantanée sur toute la planète. Nous assistons actuellement à une véritable mutation de l'humanité qui, d'une certaine manière, ne forme plus qu'un seul corps face à l'Univers.

Je me souviens de ma surprise, au cours d'un récent voyage au Viêt-nam, devant un spectacle que l'on pourrait qualifier de surréaliste. Nous marchions dans l'un des quartiers les plus pauvres de la ville de Dalat. Ruelles étroites, minuscules échoppes de bois, sans fenêtres, dans lesquels parents et enfants dorment la nuit à même le sol, puits commun au milieu des maisons, où les femmes vont chercher l'eau avec leur seau pour la cuisine et les ablutions... Au détour d'une rue, nous sommes attirés par des voix d'enfants. Ni cris ni rires, mais des interjections fréquentes laissant présager un intérêt particulier pour une chose apparemment passionnante. Nous nous approchons avec curiosité, pour découvrir trois jeunes garçons installés devant un grand écran de télévision, une « souris » dans la main de l'un d'entre eux, tout excités par l'un de ces jeux électroniques parmi les plus sophistiqués actuellement sur le marché. Notre présence ne les a pas perturbés : tout au plus nous ont-ils jeté un regard condescendant avant de reprendre avidement leur activité. Notre réaction, qui peut paraître bien banale, a été de nous regarder mutuellement en proférant cette vérité bien simple : « C'est un signe des temps ! »

Il est fascinant de s'installer près de son ordinateur personnel, au bureau ou même chez soi, et de taper un message qui sera immédiatement lu aussi bien au Japon qu'en Chine, en Amérique ou en Afrique du Sud. Les distances sur la Terre sont réduites à néant. L'espèce humaine est interconnectée comme un immense filet dont les nœuds sont les individus. Le fonctionnement de cette gigantesque pieuvre dépasse la fiction. Lorqu'une information arrive quelque part, elle peut être transmise immédiatement partout. Les autres nœuds réagissent, provoquent des allers et retours pour de nouvelles informations et modifications, si bien que l'ensemble évolue d'une manière globale, comme un apprentissage collectif, qui n'est pas sans rappeler celui des réseaux de neurones !

Cette révolution informatique mondiale à laquelle nous assistons en direct est étonnante, et demande un approfondissement de notre réflexion. De la manière dont elle se produit, comme une sorte de « boom » vers l'avant dont nous sommes tous, inévitablement, partie prenante, elle s'impose à nous comme une nouvelle dimension de l'évolution de l'humanité. Loin de la rejeter, ce qui serait aller à contre-courant du progrès, nous devons la suivre en restant en état d'éveil permanent. Il faut essayer d'utiliser les nouveaux moyens disponibles sans se laisser utiliser par eux !

Car là réside le danger : celui d'un appauvrissement des individus face au développement de la pieuvre informatique. Il est indispensable de préserver l'individuation, et il est tout aussi indispensable, pour l'avenir de l'humanité, de préserver la richesse des langages de communication entre les hommes en évitant l'écueil de trop les simplifier sous le prétexte de les rendre compréhensibles par tous.

Communication

> « *Ceux qui comprennent ne comprennent pas*
> *que l'on ne comprenne pas.*
> *Et ceux-ci doutent que ceux-là comprennent.* »
>
> Paul Valéry, *Mauvaises pensées et autres*

De nos jours, avec le développement de l'informatique, le sens du mot « communication » a dérapé du fond vers la forme. Lorsque l'on nous propose un débat ou un colloque sur « la communication », il s'agit en fait de discuter non pas vraiment de la communication en tant que telle, ni de son contenu, mais des moyens de communication : médias, réseaux informatiques, etc.

La communication réelle entre les hommes est bien difficile. Un rêve fréquent consiste à imaginer l'échange parfait entre deux êtres. Une télépathie complète où toutes les pensées, toutes les idées de l'un seraient immédiatement reçues et comprises par l'autre. Rêve impossible naturellement, et fort heureusement. Chaque être possède une clôture, une limite qui empêche le fusionnement complet avec toute autre personne. D'où la difficulté de communication, mais aussi l'existence du « jardin secret » qui se trouve en chacun de nous, et qui préserve à tout individu sa personnalité.

Il arrive parfois qu'une parole mal comprise conduise à des réactions en chaîne dramatiques et irréversibles. Les malentendus ne peuvent pas être totalement évités dans les relations humaines, mais il est possible de les diminuer considérablement en prenant le temps de s'exprimer correctement et d'être à l'écoute des autres.

Si le langage parlé représente l'un des supports les plus importants de la communication entre deux êtres, l'échange se fait aussi par l'intermédiaire de tout cet environnement impalpable de la personne, qui peut être reçu et accepté par l'autre d'une manière subtile et presque invisible, mais incomparable. La même phrase adressée à l'un ou à l'autre pourra être ressentie et interprétée d'une manière totalement différente. Il est d'ailleurs significatif que le mot utilisé pour la compréhension du langage soit le même que celui utilisé pour la manière dont le musicien joue une œuvre : l'interprétation !

Edgar Willems, dans son livre *L'Oreille musicale*, regrette l'amalgame, en langage populaire, de trois verbes pourtant bien différents : le verbe « ouïr », qui a quasiment disparu de la langue française, et qui signifie « recevoir des sons de manière passive », le verbe « écouter », dont le sens inclut l'effort d'assimilation des sons reçus par l'auditeur, et le verbe « entendre », dont le sens ancien de « comprendre » a dérapé vers un sens plus passif. Si nous étions tous mieux éduqués à ouïr, écouter, et entendre nos semblables, la communication serait certainement bien favorisée !

Bifurcations

Chaque homme se construit son monde à soi, son environnement bien tissé. La plupart du temps, une fois ce monde personnel stabilisé, il ne veut plus en changer, il refuse de se remettre en question. Dans beaucoup de sociétés, la remise en question est considérée comme une faiblesse humaine : même si l'homme se rend compte qu'il est dans l'erreur, il ne change pas sa voie, pour montrer sa force. Accepter de s'être trompé et changer d'avis est souvent culpabilisant. Le droit à l'erreur n'étant pas suffisamment reconnu, « erreur » est devenu synonyme de « faute », et donc de « culpabilité ».

Nous faisons habituellement un amalgame entre la notion d'erreur et celle de faute parce que nous supposons à priori qu'il existe une vérité immuable, accessible à tous et définitive. Dans ces conditions, le choix de l'homme consiste simplement, soit à adhérer à cette vérité et être ainsi dans le droit chemin, soit à ne pas y adhérer et se trouver en faute. C'est oublier l'évolution. La vérité est une construction qui s'élabore de proche en proche, par essais et erreurs. Il arrive que l'on s'engage dans une mauvaise voie, une impasse qui ne mène nulle part. Il faut alors savoir rebrousser chemin. Ce n'est jamais du « temps perdu », car l'exploration de voies différentes est toujours instructive et enrichissante. Lorsque l'on a rebroussé chemin après un essai infructueux, on n'est plus le même qu'avant la bifurcation.

Dans notre vie de tous les jours, dans notre recherche personnelle, nous devons suivre un cheminement qui ressemble beaucoup à celui de l'évolution globale des espèces, évolution « buissonnante » et non linéaire. Dans tous les cas, cette progression par petites touches n'est pas négative, bien au contraire. Non seulement elle n'empêche pas l'enrichissement et le progrès global, mais elle en représente précisément le fondement.

Être

Un monde où tout serait parfait serait invivable. Nous n'y existerions même pas. Nous aspirons à la perfection sans jamais l'atteindre. Nous nous en approchons parfois, à des moments privilégiés : c'est ce que nous pouvons appeler l'état de beauté. Mais la beauté est toujours fugace, et c'est cette imperfection de chaque instant qui représente le moteur de notre vie. Nous participons tous à l'évolution du monde, selon nos possibilités, à travers nos créations. Nous sommes d'autant plus heureux que nous sommes créatifs, et nous sommes d'autant plus créatifs que nous sommes souverainement nous-mêmes. Il n'y a pas d'acte de création sans une forte volonté d'être et de se projeter dans l'acte lui-même.

Il est parfois difficile de se résoudre à *être*, plutôt que *paraître*. C'est le thème principal de *La Femme sans ombre*[1]. L'ombre représente le jardin secret, le non-dit : c'est la profondeur, ce qui donne l'irisation de l'être, la vie intérieure, le secret. L'ombre, c'est aussi la fécondité : la femme sans ombre ne peut pas avoir d'enfant.

La jeune et belle héroïne, personnage surnaturel descendu sur Terre, ne possède pas d'ombre car elle est encore plus esprit que femme, malgré ses relations charnelles avec l'empereur qui l'a épousée. Cet état ambigu ne peut cependant pas durer : il lui faut acquérir une ombre, pour entrer intégralement dans le monde des humains. Deux possibilités s'offrent à elle pour parvenir à cette fin. La première, c'est de voler – ou d'acheter – son ombre à une autre femme. C'est la voie du faux, du *paraître*. La jeune femme est bien près de sombrer dans cette facilité, en suivant en cela les conseils d'une nourrice maléfique. Mais elle acquiert finalement la force de choisir l'autre voie : celle de l'*être*, qui consiste à conquérir sa propre ombre par la volonté et la souffrance. C'est, écrit Barry Millington dans une analyse de l'œuvre qui accompagne l'enregistrement[2], « la découverte de la responsabilité, présente et future, vis-à-vis d'autrui, et la volonté de souffrir et de confronter la mort elle-même pour mener une existence pleine et entière ».

Être en pleine possession de son ombre, c'est-à-dire être vraiment soi-même, c'est s'ouvrir à la fécondité, à la créativité, condition indispensable pour une participation active à l'évolution de l'humanité, en communion avec le cosmos.

1. Opéra de Richard Strauss, sur un livret de Hugo von Hofmannsthal.
2. Decca, 1992.

Crépuscule

Qui n'a jamais rêvé de retrouver un jour les délices du Paradis terrestre ? Je me souviens d'un soir merveilleux où nous avons joui de ce bonheur extraordinaire et sans mélange, ce moment sublime où tous les gestes prennent une dimension d'éternité. C'était sur une longue plage de sable dans les Landes, plage naturiste, au soleil couchant. La mer s'était lentement retirée, laissant des nappes d'eau qui rougeoyaient aux lueurs du couchant. Instants de grâce. Nous étions heureux. Rien d'autre n'existait que ce bonheur à l'état pur.

Moments sublimes, mais éphémères. Délices fugaces où s'insère inévitablement le sentiment poignant de la fuite inexorable du temps. Le bonheur n'est-il pas justement de reconnaître en chaque instant de notre vie la part de jouissance et d'exultation qui lui revient, malgré toute la souffrance du monde ?

Dans la réalité quotidienne, nos occupations nous font souvent oublier les fondements de notre propre vie dans sa relation intime avec le cosmos. C'est alors la porte ouverte au repli sur soi, au xénophobisme, à l'intolérance. Il ne s'agit plus d'une participation active et consciente à l'évolution du monde, mais d'une fuite incontrôlée qui devient mortelle. Il est difficile de rester maître de son temps et de sa vie. Cela ne nous arrive que pendant de courts instants. Mais ce sont de tels instants qui permettent à l'existence de se construire avec force et profondeur, en symbiose avec l'Univers.

Bibliographie

Edwin A. Abbott : *Flatland, a Romance of Many Dimensions,* tr. fr. *Flatland,* Denoël, coll. « Présence du futur », 1984.
Jacques Attali : *1492,* Fayard, 1991.
Christiaan Barnard : *Choisir sa vie, choisir sa mort,* Belfond, 1981.
Henri Bergson, *Les Deux Sources de la morale et de la religion*, PUF, 1990.
Ludwik Celnikier : *Histoire de l'Astronomie,* « Petite collection d'histoire des science », Techniques & documentation, 1996.
P.C.W. Davis, J. Brown : *Superstrings, a Theory of Everything?*, Cambridge University Press, 1988.
Marcel Detienne : *Les Jardins d'Adonis. La mythologie des aromates en Grèce*, Gallimard, « Bibliothèque des Histoires », 1972.
Camille Flammarion : *L'Astronomie populaire*, Flammarion, 1882.
Galilée : *Sidereus Nuncius*, Venetiis, 1610 ; trad.fr. *Le Messager des étoiles*, éd. du Seuil, coll. « Sources », 1992.
Etienne Gilson : *La Philosophie au Moyen Âge,* Payot, 1986.
Douglas Hofstadter : *Gödel, Escher, Bach, les brins d'une guirlande éternelle,* Interéditions, 1985.
François Jacob, *La Logique du vivant*, Gallimard, 1976.
Stephen Jay Gould : *La vie est belle,* éd. du Seuil, coll. « Sciences ouvertes », 1989.
C G. Jung : *Ma vie, souvenirs, rêves et pensées*, Gallimard, 1973.
Emmanuel Kant : *Théorie du Ciel* (1755), « Bibliothèque des textes philosophiques », Librairie philosophique J. Vrin, 1984.
Sören Kierkegaard, *Sur une tombe*, dans *Kierkegaard, l'existence*, PUF.
Bernadette Lamboy, *La Mort réconciliée*, Séveyrat, 1989.
Maurice Merleau-Ponty, *Sens et non-sens*, Nagel.
Karl Popper : *La Quête inachevée, autobiographie intellectuelle*, Calmann-Lévy, 1981, Presses-Pocket, 1989.

Raymond Queneau : *Cent mille milliards de poèmes,* Gallimard, 1961.

Hubert Reeves : *Poussières d'étoiles,* éd. du Seuil, coll. « Sciences ouvertes », 1984.

Jean-René Roy : *L'Astronomie et son histoire,* Presses de l'université du Québec, Masson, 1982.

Rudy Rucker : *La Quatrième Dimension,* éd. du Seuil, 1984.

Arthur Schopenhauer, *Le Monde comme volonté et comme représentation*, PUF, 1992.

Michel Tournier : *Le Medianoche amoureux,* Gallimard, 1989.

Jean-Pierre Vernant, *L'Individu, l'Amour, la Mort*, Gallimard, 1989.

Steven Weinberg : *Dreams of a Final Theory : The Scientist's Search for the Ultimate Laws of Nature,* Vintage Books, Random House, Inc., New York, 1992.

Edgar Willems : *L'Oreille musicale*, Pro Musica, Fribourg,1984.

Gérard Ziegler : *Du néant au tout, une lecture des pensées de Pascal,* La Pensée universelle, 1990.

Remerciements

Je remercie chaleureusement ma famille et mes amis, qui m'ont soutenue et aidée dans ma démarche et ont relu mes textes à différentes étapes de leur élaboration. En particulier : Jacqueline Chautemps, Bernard Fort, Ilke-Angéla Maréchal, Annie Paradis, Françoise Parisot-Baratier, Hubert Reeves, Claude Conte qui a réalisé les dessins, ainsi que Gérard, Fabrice et Sébastien Vauclair.

Table

DANS LA MÊME COLLECTION

John D. BARROW
La Grande Théorie,
les limites d'une explication globale en physique

Jean-Loup BERTAUX
De l'autre côté du Soleil

Luca et Francesco CAVALLI-SFORZA
Qui sommes-nous ? Une histoire
de la diversité humaine

Michel CAZENAVE
La Science et l'âme du monde

Hans-Peter DÜRR
De la science à l'éthique,
physique moderne et responsabilité scientifique

Pierre R. ETÉVENON
Du rêve à l'éveil

Murray GELL-MANN
Le Quark et le Jaguar. Au pays
du simple et du complexe

Sheldon L. GLASHOW
Le Charme de la physique. La recherche
des secrets de la matière

James GLEICK
La Théorie du chaos

Michael A. GUILLEN
Des ponts vers l'infini

Étienne KLEIN
Conversations avec le Sphinx,
les paradoxes en physique

E. KLEIN - M. LACHIÈZE-REY
La Quête de l'Unité, l'aventure de la physique

Michel LAMY
Les insectes et les hommes

Lynn MARGULIS/Dorion SAGAN
L'Univers bactériel

Jean-Louis REVARDEL
Constance et fantaisie du vivant

Dominique TERRÉ-FORNACCIARI
Les Sirènes de l'irrationnel

Cet ouvrage a été composé par I.G.S. - Charente-Photogravure
à l'Isle-d'Espagnac
L'impression a été effectuée
sur les presses de l'imprimerie Pollina à Luçon

Achevé d'imprimer en juin 1999
par Pollina, 85400 Luçon - n° 77852
Dépôt légal : juin 1999
N° d'édition : 18419